U0285879

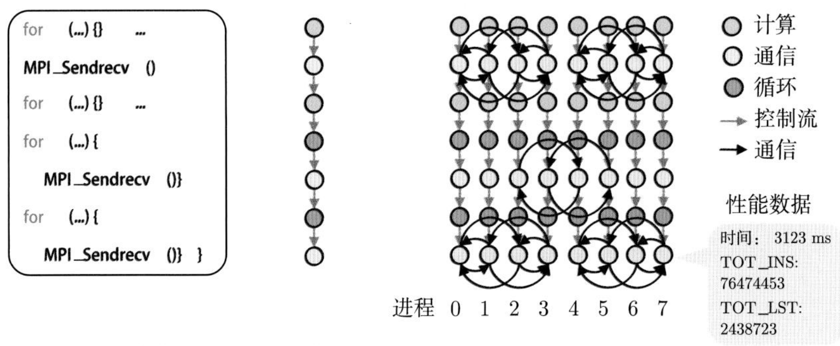

（a）示例程序代码　（b）执行流　（c）程序性能图

图 3.14　程序性能图生成示意图

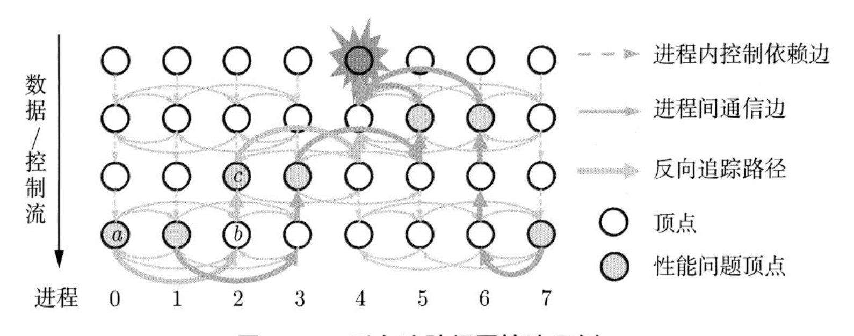

图 3.16　反向追踪根因算法示例

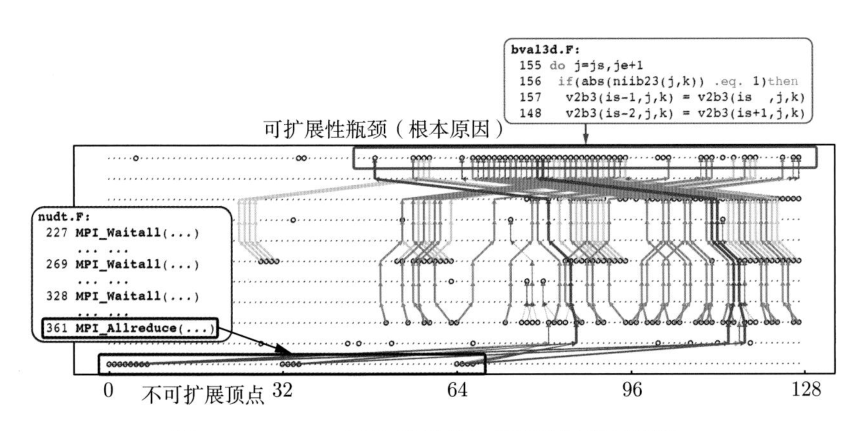

图 3.20　Zeus-MP 应用的反向追踪过程示意图

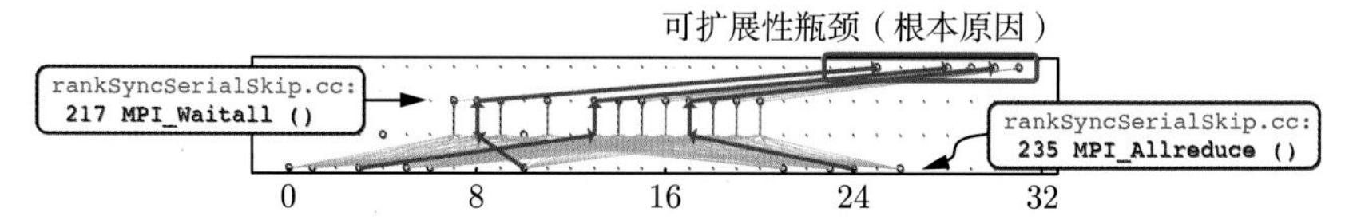

图 3.22　SST 在 128 规模时的粗略程序性能

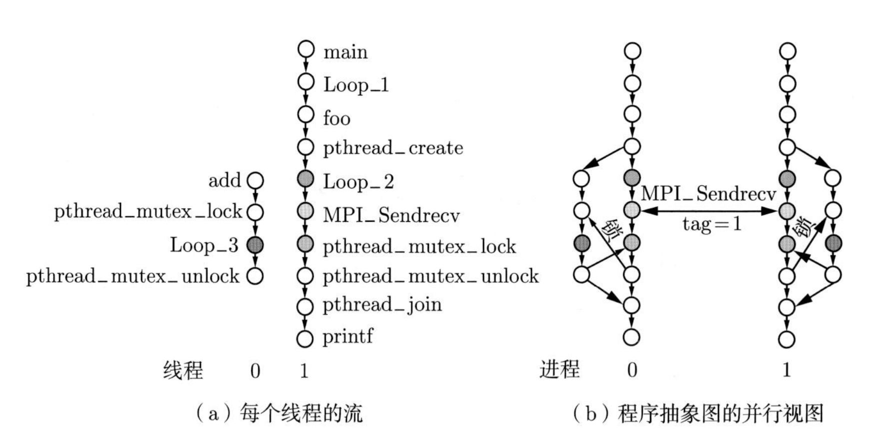

图 4.8　程序抽象图并行视图的生成示意图

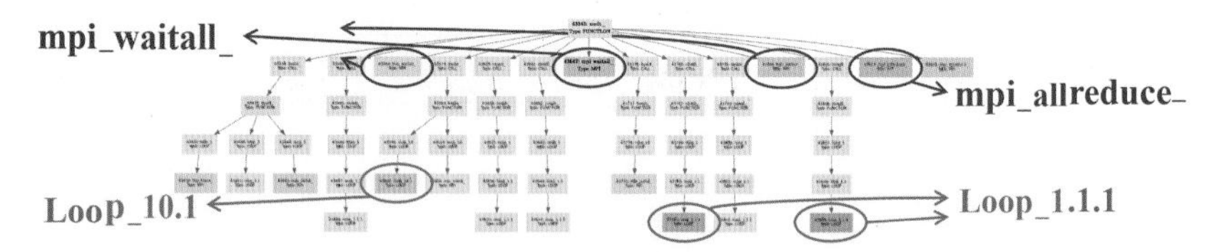

图 4.17　Zeus-MP 应用的性能差分分析结果示意图

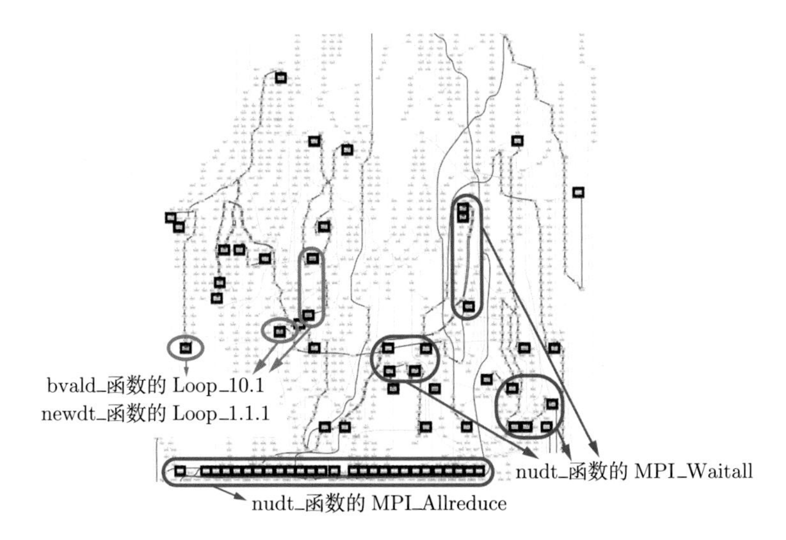

图 4.18 **Zeus-MP 应用的 PerFlow 分析结果示意图**

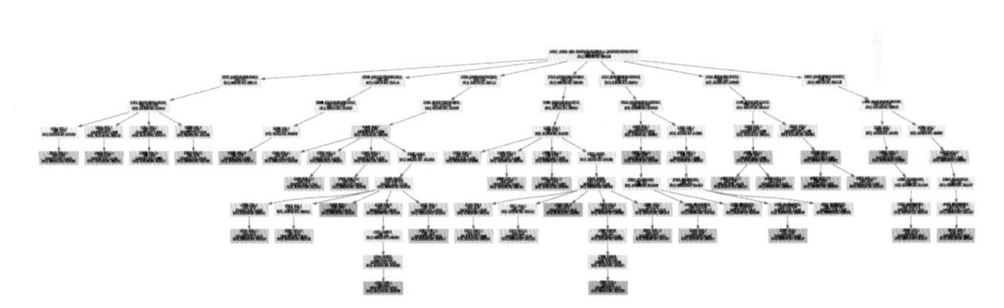

图 4.27 **Euler 的部分程序抽象图自顶向下视图**

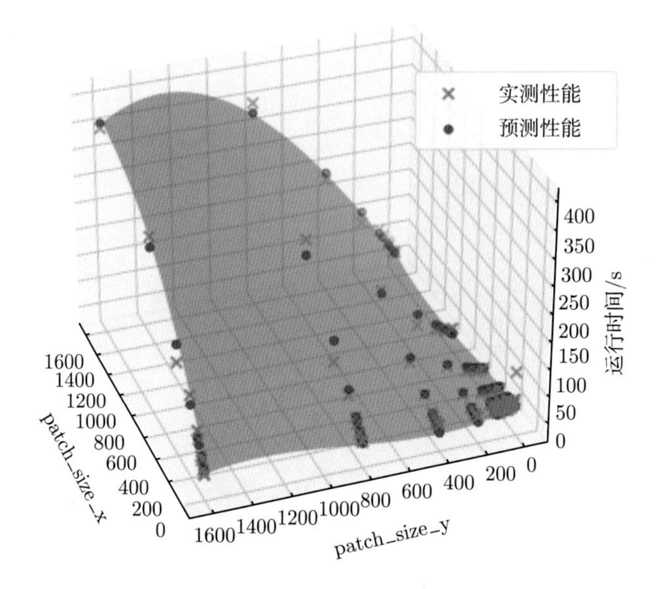

图 4.28　MD 的建模结果

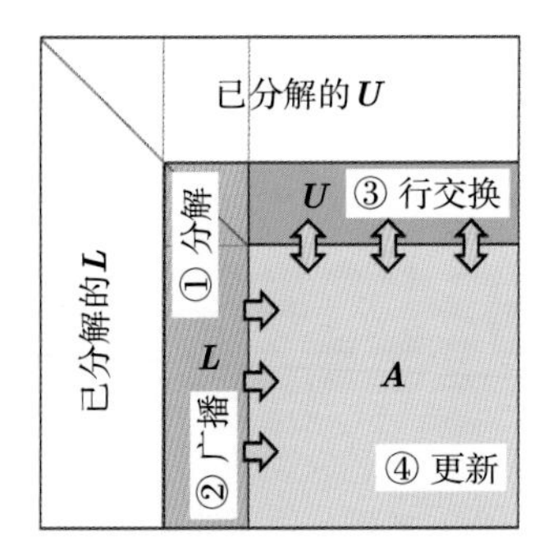

图 5.5　HPL 算法示意图

清华大学优秀博士学位论文丛书

大规模并行程序性能分析与优化关键技术研究

金煜阳（Jin Yuyang）著

Research on Key Technologies of Performance Analysis and Optimization for Large-Scale Parallel Applications

清華大學出版社
北京

内 容 简 介

高性能计算机的性能持续增长，然而由于负载不均、资源竞争等性能问题，大量并行程序无法高效地利用底层硬件系统，导致了极大的资源浪费。围绕上述挑战，本书在大规模并行程序性能分析与优化方面开展了深入研究，主要的特色为结合编译技术和图分析技术进行性能分析与优化指导。书中介绍了性能分析与优化的相关背景和当前面临的重要挑战，并针对这些挑战进行了四方面的研究工作：针对并行程序性能瓶颈定位难的挑战，提出了基于图分析技术的自动可扩展性瓶颈检测方法，并实现了轻量级的瓶颈检测系统；针对大规模并行程序性能分析系统开发复杂度高的挑战，提出了面向性能分析的领域特定编程框架；针对性能优化策略选择难的挑战，提出了异步策略感知的性能建模方法；基于上述性能分析与建模技术，设计并实现了面向领域的多层次自动性能优化系统。

本书可为具有一定计算机系统结构或高性能计算知识的本科生、研究生及研究人员，特别是研究方向为并行计算、性能分析与优化等相关领域的研究者提供一定的参考与帮助。

图书在版编目（CIP）数据

大规模并行程序性能分析与优化关键技术研究 / 金煜阳著. 北京：清华大学出版社，2024. 12. --（清华大学优秀博士学位论文丛书）. -- ISBN 978-7-302-67726-0

Ⅰ. TP311.11

中国国家版本馆 CIP 数据核字第 202402DX87 号

责任编辑： 樊　婧
封面设计： 傅瑞学
责任校对： 欧　洋
责任印制： 刘海龙

出版发行： 清华大学出版社
　　网　　址： https://www.tup.com.cn, https://www.wqxuetang.com
　　地　　址： 北京清华大学学研大厦 A 座　　**邮　　编：** 100084
　　社 总 机： 010-83470000　　**邮　　购：** 010-62786544
　　投稿与读者服务： 010-62776969, c-service@tup.tsinghua.edu.cn
　　质量反馈： 010-62772015, zhiliang@tup.tsinghua.edu.cn
印 装 者： 三河市东方印刷有限公司
经　　销： 全国新华书店
开　　本： 155mm×235mm　　**印　　张：** 11　　**插　　页：** 2　　**字　　数：** 173 千字
版　　次： 2024 年 12 月第 1 版　　**印　　次：** 2024 年 12 月第 1 次印刷
定　　价： 89.00 元

产品编号：102149-01

一流博士生教育
体现一流大学人才培养的高度（代丛书序）[①]

人才培养是大学的根本任务。只有培养出一流人才的高校，才能够成为世界一流大学。本科教育是培养一流人才最重要的基础，是一流大学的底色，体现了学校的传统和特色。博士生教育是学历教育的最高层次，体现出一所大学人才培养的高度，代表着一个国家的人才培养水平。清华大学正在全面推进综合改革，深化教育教学改革，探索建立完善的博士生选拔培养机制，不断提升博士生培养质量。

学术精神的培养是博士生教育的根本

学术精神是大学精神的重要组成部分，是学者与学术群体在学术活动中坚守的价值准则。大学对学术精神的追求，反映了一所大学对学术的重视、对真理的热爱和对功利性目标的摒弃。博士生教育要培养有志于追求学术的人，其根本在于学术精神的培养。

无论古今中外，博士这一称号都和学问、学术紧密联系在一起，和知识探索密切相关。我国的博士一词起源于 2000 多年前的战国时期，是一种学官名。博士任职者负责保管文献档案、编撰著述，须知识渊博并负有传授学问的职责。东汉学者应劭在《汉官仪》中写道：“博者，通博古今；士者，辩于然否。”后来，人们逐渐把精通某种职业的专门人才称为博士。博士作为一种学位，最早产生于 12 世纪，最初它是加入教师行会的一种资格证书。19 世纪初，德国柏林大学成立，其哲学院取代了以往神学院在大学中的地位，在大学发展的历史上首次产生了由哲学院授予的哲学博士学位，并赋予了哲学博士深层次的教育内涵，即推崇学术自由、创造新知识。哲学博士的设立标志着现代博士生教育的开端，博士则被定义为

① 本文首发于《光明日报》，2017 年 12 月 5 日。

独立从事学术研究、具备创造新知识能力的人，是学术精神的传承者和光大者。

博士生学习期间是培养学术精神最重要的阶段。博士生需要接受严谨的学术训练，开展深入的学术研究，并通过发表学术论文、参与学术活动及博士论文答辩等环节，证明自身的学术能力。更重要的是，博士生要培养学术志趣，把对学术的热爱融入生命之中，把捍卫真理作为毕生的追求。博士生更要学会如何面对干扰和诱惑，远离功利，保持安静、从容的心态。学术精神，特别是其中所蕴含的科学理性精神、学术奉献精神，不仅对博士生未来的学术事业至关重要，对博士生一生的发展都大有裨益。

独创性和批判性思维是博士生最重要的素质

博士生需要具备很多素质，包括逻辑推理、言语表达、沟通协作等，但是最重要的素质是独创性和批判性思维。

学术重视传承，但更看重突破和创新。博士生作为学术事业的后备力量，要立志于追求独创性。独创意味着独立和创造，没有独立精神，往往很难产生创造性的成果。1929 年 6 月 3 日，在清华大学国学院导师王国维逝世二周年之际，国学院师生为纪念这位杰出的学者，募款修造“海宁王静安先生纪念碑”，同为国学院导师的陈寅恪先生撰写了碑铭，其中写道：“先生之著述，或有时而不章；先生之学说，或有时而可商；惟此独立之精神，自由之思想，历千万祀，与天壤而同久，共三光而永光。”这是对于一位学者的极高评价。中国著名的史学家、文学家司马迁所讲的“究天人之际，通古今之变，成一家之言”也是强调要在古今贯通中形成自己独立的见解，并努力达到新的高度。博士生应该以“独立之精神、自由之思想”来要求自己，不断创造新的学术成果。

诺贝尔物理学奖获得者杨振宁先生曾在 20 世纪 80 年代初对到访纽约州立大学石溪分校的 90 多名中国学生、学者提出：“独创性是科学工作者最重要的素质。”杨先生主张做研究的人一定要有独创的精神、独到的见解和独立研究的能力。在科技如此发达的今天，学术上的独创性变得越来越难，也愈加珍贵和重要。博士生要树立敢为天下先的志向，在独创性上下功夫，勇于挑战最前沿的科学问题。

批判性思维是一种遵循逻辑规则、不断质疑和反省的思维方式，具有批判性思维的人勇于挑战自己，敢于挑战权威。批判性思维的缺乏往往被认为是中国学生特有的弱项，也是我们在博士生培养方面存在的一个普遍问题。2001 年，美国卡内基基金会开展了一项“卡内基博士生教育创新计划”，针对博士生教育进行调研，并发布了研究报告。该报告指出：在美国和欧洲，培养学生保持批判而质疑的眼光看待自己、同行和导师的观点同样非常不容易，批判性思维的培养必须成为博士生培养项目的组成部分。

对于博士生而言，批判性思维的养成要从如何面对权威开始。为了鼓励学生质疑学术权威、挑战现有学术范式，培养学生的挑战精神和创新能力，清华大学在 2013 年发起“巅峰对话”，由学生自主邀请各学科领域具有国际影响力的学术大师与清华学生同台对话。该活动迄今已经举办了 21 期，先后邀请 17 位诺贝尔奖、3 位图灵奖、1 位菲尔兹奖获得者参与对话。诺贝尔化学奖得主巴里·夏普莱斯（Barry Sharpless）在 2013 年 11 月来清华参加“巅峰对话”时，对于清华学生的质疑精神印象深刻。他在接受媒体采访时谈道：“清华的学生无所畏惧，请原谅我的措辞，但他们真的很有胆量。”这是我听到的对清华学生的最高评价，博士生就应该具备这样的勇气和能力。培养批判性思维更难的一层是要有勇气不断否定自己，有一种不断超越自己的精神。爱因斯坦说：“在真理的认识方面，任何以权威自居的人，必将在上帝的嬉笑中垮台。”这句名言应该成为每一位从事学术研究的博士生的箴言。

提高博士生培养质量有赖于构建全方位的博士生教育体系

一流的博士生教育要有一流的教育理念，需要构建全方位的教育体系，把教育理念落实到博士生培养的各个环节中。

在博士生选拔方面，不能简单按考分录取，而是要侧重评价学术志趣和创新潜力。知识结构固然重要，但学术志趣和创新潜力更关键，考分不能完全反映学生的学术潜质。清华大学在经过多年试点探索的基础上，于 2016 年开始全面实行博士生招生“申请-审核”制，从原来的按照考试分数招收博士生，转变为按科研创新能力、专业学术潜质招收，并给予院系、学科、导师更大的自主权。《清华大学“申请-审核”制实施办法》明晰了导师和院系在考核、遴选和推荐上的权力和职责，同时确定了规范的流程及监管要求。

在博士生指导教师资格确认方面，不能论资排辈，要更看重教师的学术活力及研究工作的前沿性。博士生教育质量的提升关键在于教师，要让更多、更优秀的教师参与到博士生教育中来。清华大学从 2009 年开始探索将博士生导师评定权下放到各学位评定分委员会，允许评聘一部分优秀副教授担任博士生导师。近年来，学校在推进教师人事制度改革过程中，明确教研系列助理教授可以独立指导博士生，让富有创造活力的青年教师指导优秀的青年学生，师生相互促进、共同成长。

在促进博士生交流方面，要努力突破学科领域的界限，注重搭建跨学科的平台。跨学科交流是激发博士生学术创造力的重要途径，博士生要努力提升在交叉学科领域开展科研工作的能力。清华大学于 2014 年创办了“微沙龙”平台，同学们可以通过微信平台随时发布学术话题，寻觅学术伙伴。3 年来，博士生参与和发起“微沙龙”12 000 多场，参与博士生达 38 000 多人次。“微沙龙”促进了不同学科学生之间的思想碰撞，激发了同学们的学术志趣。清华于 2002 年创办了博士生论坛，论坛由同学自己组织，师生共同参与。博士生论坛持续举办了 500 期，开展了 18 000 多场学术报告，切实起到了师生互动、教学相长、学科交融、促进交流的作用。学校积极资助博士生到世界一流大学开展交流与合作研究，超过 60%的博士生有海外访学经历。清华于 2011 年设立了发展中国家博士生项目，鼓励学生到发展中国家亲身体验和调研，在全球化背景下研究发展中国家的各类问题。

在博士学位评定方面，权力要进一步下放，学术判断应该由各领域的学者来负责。院系二级学术单位应该在评定博士论文水平上拥有更多的权力，也应担负更多的责任。清华大学从 2015 年开始把学位论文的评审职责授权给各学位评定分委员会，学位论文质量和学位评审过程主要由各学位分委员会进行把关，校学位委员会负责学位管理整体工作，负责制度建设和争议事项处理。

全面提高人才培养能力是建设世界一流大学的核心。博士生培养质量的提升是大学办学质量提升的重要标志。我们要高度重视、充分发挥博士生教育的战略性、引领性作用，面向世界、勇于进取，树立自信、保持特色，不断推动一流大学的人才培养迈向新的高度。

邱勇

清华大学校长

2017 年 12 月

丛书序二

以学术型人才培养为主的博士生教育，肩负着培养具有国际竞争力的高层次学术创新人才的重任，是国家发展战略的重要组成部分，是清华大学人才培养的重中之重。

作为首批设立研究生院的高校，清华大学自 20 世纪 80 年代初开始，立足国家和社会需要，结合校内实际情况，不断推动博士生教育改革。为了提供适宜博士生成长的学术环境，我校一方面不断地营造浓厚的学术氛围，一方面大力推动培养模式创新探索。我校从多年前就已开始运行一系列博士生培养专项基金和特色项目，激励博士生潜心学术、锐意创新，拓宽博士生的国际视野，倡导跨学科研究与交流，不断提升博士生培养质量。

博士生是最具创造力的学术研究新生力量，思维活跃，求真求实。他们在导师的指导下进入本领域研究前沿，吸取本领域最新的研究成果，拓宽人类的认知边界，不断取得创新性成果。这套优秀博士学位论文丛书，不仅是我校博士生研究工作前沿成果的体现，也是我校博士生学术精神传承和光大的体现。

这套丛书的每一篇论文均来自学校新近每年评选的校级优秀博士学位论文。为了鼓励创新，激励优秀的博士生脱颖而出，同时激励导师悉心指导，我校评选校级优秀博士学位论文已有 20 多年。评选出的优秀博士学位论文代表了我校各学科最优秀的博士学位论文的水平。为了传播优秀的博士学位论文成果，更好地推动学术交流与学科建设，促进博士生未来发展和成长，清华大学研究生院与清华大学出版社合作出版这些优秀的博士学位论文。

感谢清华大学出版社，悉心地为每位作者提供专业、细致的写作和出版指导，使这些博士论文以专著方式呈现在读者面前，促进了这些最新的优秀研究成果的快速广泛传播。相信本套丛书的出版可以为国内外各相关领域或交叉领域的在读研究生和科研人员提供有益的参考，为相关学科领域的发展和优秀科研成果的转化起到积极的推动作用。

感谢丛书作者的导师们。这些优秀的博士学位论文，从选题、研究到成文，离不开导师的精心指导。我校优秀的师生导学传统，成就了一项项优秀的研究成果，成就了一大批青年学者，也成就了清华的学术研究。感谢导师们为每篇论文精心撰写序言，帮助读者更好地理解论文。

感谢丛书的作者们。他们优秀的学术成果，连同鲜活的思想、创新的精神、严谨的学风，都为致力于学术研究的后来者树立了榜样。他们本着精益求精的精神，对论文进行了细致的修改完善，使之在具备科学性、前沿性的同时，更具系统性和可读性。

这套丛书涵盖清华众多学科，从论文的选题能够感受到作者们积极参与国家重大战略、社会发展问题、新兴产业创新等的研究热情，能够感受到作者们的国际视野和人文情怀。相信这些年轻作者们勇于承担学术创新重任的社会责任感能够感染和带动越来越多的博士生，将论文书写在祖国的大地上。

祝愿丛书的作者们、读者们和所有从事学术研究的同行们在未来的道路上坚持梦想，百折不挠！在服务国家、奉献社会和造福人类的事业中不断创新，做新时代的引领者。

相信每一位读者在阅读这一本本学术著作的时候，在吸取学术创新成果、享受学术之美的同时，能够将其中所蕴含的科学理性精神和学术奉献精神传播和发扬出去。

清华大学研究生院院长

2018 年 1 月 5 日

导师序言

在快速发展的科技时代，高性能计算已成为推动科学进步和技术发展的关键技术之一。金煜阳博士的研究聚焦于并行程序性能分析与优化，是高性能计算领域的重要方向，旨在通过性能分析和优化技术提升大规模并行程序的计算效率。

随着高性能计算技术的不断进步，高性能计算机的规模与计算能力大幅提升。尽管如此，许多并行程序却未能充分发挥其计算潜力。这一矛盾的存在，提醒我们必须重视并行程序的性能优化问题。本书针对大规模复杂并行程序的分析与优化问题开展了深入研究，提出了一系列切实可行的解决思路。书中提出的研究工作创新地在并行程序性能分析与优化的过程中结合了编译技术与图分析技术，提出了针对大规模并行程序的轻量级性能采集、建模与分析工具。基于这些工具进一步实现的多层次性能优化系统，通过对应用程序和硬件平台特性的全面感知，实现了计算流体力学领域应用的自动优化。这些研究工作为高性能计算技术的发展提供了有益的参考。

本书的研究成果，不仅在理论层面丰富了并行计算研究的工具和方法论，也在气象预测、洋流模拟、地震预测、生物制药、材料研制、航天航空等各类科学研究领域涉及并行计算的实际应用方面具有宝贵的参考与借鉴意义。通过对并行计算技术的深入研究与应用，研究者们能够更有效地提高并行程序计算效率，解决复杂的领域科学问题，从而推动相关领域的技术进步与创新。

我由衷地祝贺金煜阳博士在这一研究方向上取得的丰硕成果，并深信本书将为广大学者、研究者及从业者提供重要的启发与参考，推动并行计算技术在各领域的进一步发展与应用。展望未来，我期待更多借鉴于金煜阳博士工作的技术与方法被提出，探索并发现更多并行计算的应用潜力，助力科学与技术的跨越式发展。

清华大学计算机科学与技术系长聘教授

摘　要

近年来，高性能计算机的性能持续增长，然而由于负载不均、资源竞争等性能问题，大量并行程序无法高效地利用底层硬件系统，导致了极大的资源浪费。多样的并行程序负载特征、复杂的软硬件结构、各种性能问题相互交织，共同导致并行程序的性能瓶颈隐蔽且难以检测。传统的分析技术，由于较高的分析开销和高昂的人力分析成本，无法被广泛应用在当前高性能计算机上。围绕上述挑战，本书在大规模并行程序性能分析与优化方面开展了深入研究，主要贡献包括：

（1）针对并行程序性能瓶颈定位难的挑战，提出了基于图分析技术的自动可扩展性瓶颈检测方法，并实现了轻量级的瓶颈检测系统 ScalAna。该系统通过在编译时提取程序的结构和控制流信息辅助动态分析，可以有效降低运行时分析开销。同时，通过引入图分析算法，实现复杂并行程序可扩展性瓶颈的自动定位。实验表明，在 2048 进程规模下，该系统仅引入平均 1.73% 的运行时开销和有限的存储开销，并且能够自动定位真实应用程序的可扩展性瓶颈。

（2）针对大规模并行程序性能分析系统开发复杂度高的挑战，提出了面向性能分析的领域特定编程框架 PerFlow。该框架将复杂的性能分析过程抽象为数据流图，将基本性能分析模块作为数据流图中的节点，上层提供领域特定的编程语言方便描述性能分析过程。同时，提供基于二进制文件的分析接口，不依赖于程序源码，支持生产环境下真实并行应用的性能分析。实验表明，对可扩展性分析任务，仅需要 34 行代码描述，而已有方法需数千行代码，该方法有效地降低了性能分析系统开发的复杂度。

（3）针对并行程序优化策略选择难的挑战，提出了异步策略感知的性能建模方法 ASMOD。通过性能解耦、层次化建模、硬件感知模拟等关键技术，实现高效且精确的性能预测。以典型科学计算程序 HPL 为例，在多个高性能计算平台上验证了该方法的精度和效率。实验表明，对“神威・太湖之光”上超 400 万核规模的 HPL，预测误差仅为 1.09%，预测开销为毫秒级。

(4) 基于上述性能分析与建模技术，设计并实现了面向领域的多层次性能优化系统 PUZZLE。通过多级中间表达提升中间代码的描述能力，融入性能分析和建模技术，实现多层次感知的全面性能优化。实验表明，该系统支持多硬件平台的运行与优化，可将典型的流体力学程序端到端的性能提升一到两个数量级。

关键词：高性能计算；并行程序；性能分析；编程框架；并行优化

Abstract

Modern supercomputers bring unprecedented growth of computing power. However, parallel programs cannot efficiently utilize computing resources due to load imbalance, inter-process communication, and resource contention. Because of complex load characteristics, hardware architectures, and interactions between performance bugs, performance bottlenecks are deeply hidden and hard to detect. Current approaches incur significant overhead and human efforts, thus they cannot be widely used on HPC systems. In this dissertation, we take further research on performance analysis and optimization based on previous works. Specifically, the main contributions are as follows:

(1) To detect performance bottlenecks under complex scenarios, we propose ScalAna, a graph-based approach for automatic scaling loss detection. ScalAna leverages hybrid static-dynamic analysis to reduce overhead, and uses graph analysis to automatically identify the root causes of scaling issues. We evaluate the efficacy and efficiency of ScalAna with several real-world applications. ScalAna only incurs 1.73% runtime overhead very low storage costs on up to 2,048 processes. Besides, ScalAna can detect the root causes more automatically and efficiently, compared with state-of-the-art tools.

(2) To ease the burden of implementing performance analysis tasks, we propose PerFlow, a domain specific framework for performance analysis. PerFlow represents the process of performance analysis as a dataflow graph, and abstracts the performance behavior of a parallel

program as a specific graph. Plentiful APIs are provided by PerFlow to implement analysis tasks. Besides, PerFlow is based on binary, which means it is more practical and more suitable for production environments. Experimental results show that PerFlow only uses 34 lines of code to implement a scalability analysis task, which significantly reduces the complexity of developing analysis tasks.

(3) To design better optimization strategies, we propose ASMOD, an asynchronous strategy-aware performance model. Efficient and accurate performance prediction is realized through several key techniques, including performance decoupling, hierarchical modeling, and hardware-aware simulation. We take HPL as a specific case to verify ASMOD, and evaluate the accuracy and efficiency on multiple HPC systems. Experimental results show that the prediction error for HPL with over 4 million cores on the Sunway TaihuLight supercomputer is only 1.09%, and the prediction overhead is only several milliseconds.

(4) Based on the above performance analysis and modeling techniques, we design and implement Puzzle, a domain-specific multi-level optimization framework to achieve automatic and comprehensive performance optimizations. Puzzle adopts multi-level intermediate representation to improve the representation ability, and integrates performance models to guide the selection of optimization strategies for achieving in-depth optimizations. We take the domain of computational fluid dynamics as an example to validate the design of Puzzle. Experimental results show that Puzzle brings 11.55× and 240.69× performance improvement on average for CPU and GPU platforms, respectively.

Keywords: High Performance Computing; Parallel Program; Performance Analysis; Programming Framework; Parallel Optimization

符号和缩略语说明

P2P	点对点通信（peer-to-peer）
FLOPS	每秒浮点操作次数（floating-point operations per second）
PMU	性能监控单元（performance monitoring unit）
CFG	控制流图（control flow graph）
DFG	数据流图（data flow graph）
MPI	消息传递接口（message passing interface）
IR	中间表达（intermediate representation）
DSL	领域特定语言（domain-specific language）

目　录

第 1 章　引　　言

1.1　本书背景及意义

过去的几十年，人类借助并行程序的强大计算能力，极大地推进了科学研究、军事国防和日常生活等许多领域的发展。在自然科学领域，研究人员通过并行程序实现高效准确的气象预报[1-3]、洋流模拟[4]和地震模拟[5-6]，在自然灾害来临时尽可能地保护人民生命财产安全；在医学领域，并行程序促进了基因、蛋白质的分析[7-9]和药物的研制，值得一提的是，它在新冠肺炎病毒 COVID-19 的感染机制分析和药物疫苗研制中发挥了重大作用[10-11]；在航空航天领域，基于并行程序的燃烧模拟和空气动力学模拟等应用[12]保障了航空航天飞机的安全航行和火箭的成功发射；在军事领域，研究人员使用并行程序协助军事装备与新一代核武器的研制[13]。此外，日常生活中诸如社交网络[14]、自媒体平台等现代科技产物都与并行程序密切相关。

性能①是并行程序最关键的指标之一，用于反映并行程序的运行效率。并行程序的高效运行对社会的稳定运转意义重大。例如，气象预报、洋流模拟和地震模拟等应用需要进行高效且精确的模拟，才能在自然灾害前作出及时预警，从而保障人民生命和财产安全。铁路票务系统需要快速响应购票请求并及时更新票务信息，才能在春节期间保障超过十亿人次的顺利出行。同时，随着人类科学的进步，许多领域对并行程序的性能需求也不断增大。例如，科学家试图通过蛋白质的折叠等结构特征，研究亨廷顿病等疑难杂症的病理，然而复杂蛋白质分子结构的精密分析需要并行程序具备强大的计算性能。

① 本书中的性能（performance）指并行程序的运行效率，即完成一定负载量所用的时间或单位时间内完成的负载量。一些文献中的性能含义为程序计算结果的精度。

世界各国的政府和企业投入大量资源建造大规模超级计算机，试图通过提升计算力以提升并行程序的性能。美国的 Summit 有超过 200 万的处理核，并达到 200PFLOPS①以上的理论峰值性能。日本的富岳（Fugaku）超级计算机的处理核的数量超过 700 万，理论峰值性能达到 500PFLOPS 以上。在国内，我国自主研制的天河 2A 超级计算机有近 500 万个处理核，理论峰值性能超过 100PFLOPS。"神威·太湖之光"超级计算机拥有 40960 个计算节点，超过 1000 万处理核，理论峰值性能为 125PFLOPS。近年来，我国陆续投入数十亿建造新一代 E 级超级计算机，可实现每秒百亿亿次数学运算。

超级计算机的规模扩增带来了计算力的迅速增长，但并非所有并行程序都能有效且高效地利用超级计算机的计算力。例如，高度共轭梯度基准测试（high performance conjudate gradient，HPCG）[15] 是一个评估高性能计算机性能的重要基准测试程序，图 1.1 展示了 TOP500 排行榜[16]②排名前十的超级计算机的理论峰值性能和 HPCG 的性能③对比。HPCG 在世界排名第一的超级计算机上的实测性能仅能达到理论峰值性能的 2.98%。HPCG 是高性能领域专家总结科学计算中的典型计算模式而提出的基准测试程序，其计算模式和数据都相对规整。规整的 HPCG

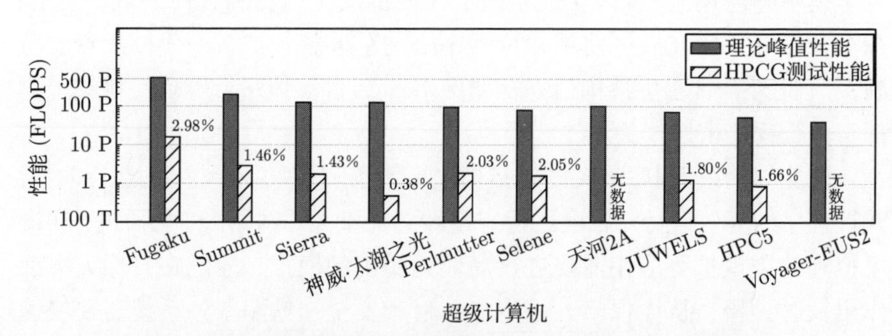

图 1.1　世界领先超级计算机峰值性能与 HPCG 性能对比

① 每秒浮点操作次数（floating-point operations per second，FLOPS）是一种衡量计算能力的标准，指每秒执行的浮点操作次数。PFLOPS（peta floating-point operations per second）表示每秒千万亿次浮点操作。

② TOP500 排行榜列举全世界计算力最强的 500 台超级计算机，并包含这些超级计算机的相关信息介绍。该排行榜每年分别于 6 月和 11 月更新两次。

③ 图中数据来源于 TOP500 排行榜 2021 年 11 月发布的榜单数据，其中天河 2A 和 Voyager-EUS2 未提交最新的 HPCG 性能测试结果。

在超级计算机上尚且无法有效利用计算资源，真实科学应用的效率更远不及此[1,5-6]。

并行应用的低效不仅浪费了大量资源，更延缓了科学研究和军事国防等各个领域的发展。因此，提高并行应用的性能刻不容缓。图 1.2 展示了通常情况下提高并行程序性能的示意流程。研究人员首先需要对并行程序进行性能分析以定位其性能瓶颈，然后针对该瓶颈进行特定的性能优化。优化后的并行程序继续通过性能分析定位性能瓶颈，而后进行进一步优化。反复上述过程，直至并行程序的性能达到相对较高的水平。上述过程中，性能分析和性能优化是提高并行程序性能的关键技术。目前已有大量的国内外研究工作针对性能分析和优化技术展开了深入研究（详见第 2 章）。性能分析主要通过对并行程序运行时性能行为进行分析，以定位程序的性能瓶颈，如负载不均、资源竞争、通信阻塞等。超级计算机和真实应用的复杂性导致性能瓶颈的定位十分困难，通常需要大量的分析开销。性能优化主要通过对并行程序的源码修改或运行时调度的方式，以尽可能消除或削弱程序中的性能瓶颈对性能的负面影响。然而，应用程序和硬件平台的复杂性导致优化策略的变体繁多，通常需要大量的人力开销选择并实施最佳优化策略。一些研究工作尝试通过性能分析技术指导性能优化策略选择，以降低部分人力开销。截至目前，国内外相关研究工作仍未完全解决性能分析和优化技术中的问题，其中主要的不足之处在于：①在性能分析方面，现有工作通常引入极大的运行时、存储开销或

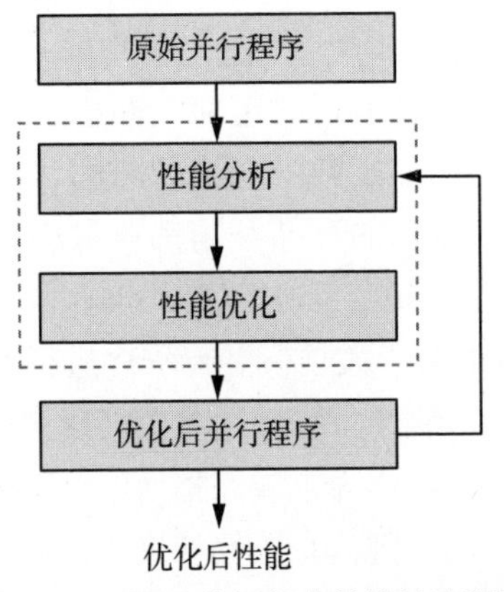

图 1.2　提升并行程序性能的流程图

手动分析开销，且只能针对简单或特定性能瓶颈进行分析。②在性能优化方面，现有工作难以同时考虑应用程序和硬件平台特性以实现全面且深入的优化，优化效果存在明显的提升空间。

本书针对上述问题进行了深入的研究，分别提出了有效的解决方案。第一，针对复杂大规模并行程序，通过结合编译技术和图分析技术，提出了一种轻量级可扩展性瓶颈检测技术；第二，面对繁杂的性能分析场景，设计了一个面向性能分析的领域特定编程框架，以降低性能分析工具的开发复杂性；第三，设计了一个异步策略感知的性能模型，用于指导性能优化策略的选择，并以典型科学应用程序——测试高性能计算集群系统浮点性能的基准程序（the high-performance linkpack benchmark，HPL）为案例进行深入分析；第四，设计并实现了面向领域的多层次性能优化框架，全面感知应用程序和硬件平台特性，借助编译和建模技术自动实现深度优化，并以计算流体力学为例实现对框架的初步验证。

1.1.1 性能分析技术的现状

性能分析技术对于理解和优化应用程序是必不可少的，具体指以收集程序运行时信息为手段研究程序行为的分析方法。自动分析并行应用程序的性能可以有效提高程序员理解和优化应用程序的效率。因此，研究人员开发了许多自动的通用性能数据采集和分析工具。现有的通用性能数据采集和分析工具主要分为两类，分别是基于程序概要的工具和基于事件轨迹的工具。

基于程序概要的工具在运行时定期中断程序并记录快照，采集程序的整体统计性能数据，例如函数的总执行时间、被调用次数等，因此它们的运行时开销和性能数据的存储开销都非常小。典型的基于程序概要的性能分析工具包括 VTune[17]、HPCToolkit[18]、mpiP[19] 和 Gprof[20] 等。例如，HPCToolkit 对于大规模并行程序进行性能数据采集时仅引入1%~5%的运行时开销。然而，统计性能数据仅记录了某些时间戳的程序快照，而时间戳之间的程序行为未被完整地记录下来，因此该类工具丢失了进行深入分析所需要的关键信息（例如进程内数据依赖、进程间通信模式等）。这些信息的缺失导致该类工具只支持简单的性能分析（例如热点分析、均衡性分析等），而对于复杂场景，则需要手动进行大量深入分析。

基于事件轨迹的工具跟踪并记录程序执行期间的所有事件，其日志中包含丰富的信息，包括计算、内存访问和通信模式等。典型的基于事件轨迹的工具包括 Scalasca[21]、ITC/ITA[22]、Vampir[23] 和 TAU[24] 等。事件轨迹中包含了所有性能分析所需的信息，研究人员可以基于这些数据进行各种各样的深入性能分析。此类方法的缺点是事件轨迹的记录通常需要非常高昂的运行时开销和数据存储开销。例如，Scalasca 的运行时开销可达数十倍至数百倍，其记录事件轨迹的日志文件通常可达 GB（Gigabyte，千兆字节）至 TB（Terabyte，兆兆字节）规模。

大规模并行程序的性能分析对开销要求很高，往往需要结合分析场景设计轻量级的分析方法[25-28]。此外，应用程序的复杂性（例如计算负载、通信模式和数据依赖等）和硬件平台的复杂性（如异构加速器件和网络架构等），导致了繁多而复杂的性能分析场景，需要程序员针对各种场景进行特定的深入分析，才能定位性能问题。一些研究工作针对某些特定场景，提出任务驱动的分析方法，可以实现精确的分析[29-32]。然而，这些研究工作提出的性能分析任务不能覆盖所有的分析场景。对于一个新的场景，仍然需要手动开发特定的性能分析工具，这给程序员带来了巨大的编码压力。

1.1.2 性能优化技术的现状

性能优化技术是提升并行程序性能的必要手段，具体指通过修改并行程序的计算、访存和通信等特征以加速程序的执行。一种常见的性能优化方式是程序员基于并行程序和目标硬件平台的特性手动进行移植和优化，这种方式需要程序员具有非常高超的性能优化技巧并投入大量的精力。例如，清华大学团队在“神威 · 太湖之光”上移植和优化美国大气研究中心开发的社区大气模式应用 CAM5，累计投入了 10 人/年以上的人力成本[33]。中国科学院大气物理研究所和计算机网络信息中心的联合团队在先导一号上移植和优化高分辨率海洋模式 LICOM3 预报系统的人力成本为 6~10 人/年[34]。实现大规模超级计算机上并行应用的移植和优化需要如此高昂的人力投入，对于任何研究团队都是一种沉重的负担。为了提高并行程序的优化效率，研究人员提出了一些框架以降低优化的人力开销，包括统一编程框架和自动优化框架。

统一编程框架对并行程序的数据结构和执行模式等概念进行抽象，并提供编程接口（或称原语）以降低程序员实现特定优化（例如归约、分块、循环划分等）的编码开销。典型的通用优化框架包括 Kokkos[35]、RAJA[36]、SYCL[37]、OpenCL[38] 和 DaCe[39] 等。然而，真实应用中通常存在非常复杂的依赖关系，程序员仍然需要针对应用设计特殊的复杂优化策略，并通过大量原语描述这些优化策略。

自动优化框架的目标是实现自动性能优化，其中最典型的一类是领域特定优化框架。它是针对特定领域设计的一种专用优化框架，通过抽象领域特征进行应用描述并自动实现相关优化，具有代表性的领域特定优化框架包括 Halide[40]、TACO[41]、Taichi[42]、TVM[43] 和 Stella[44] 等。领域特定优化框架通常侧重特定领域内计算模式的表达能力，不能同时兼备对目标硬件平台的表达和优化能力，导致无法全面结合应用和硬件的信息，错失一些性能优化机会。

现有的性能优化工作尝试结合编译技术降低优化的人力开销，但仍然难以实现自动且全面感知应用和硬件的优化策略选择。本书通过表达能力更强的编译框架，更全面地考虑应用程序和硬件平台的特性，并结合性能建模技术指导优化策略选择。

1.2 大规模并行程序性能分析与优化面临的关键问题

随着摩尔定律（Moore's law）和登纳德缩放定律（Dennard scaling）的逐渐失效，高性能计算机呈现出两种主要趋势，分别是规模扩增和引入异构加速器件。一方面，随着超级计算机规模的扩增，其网络架构愈加复杂，从而导致并行应用的通信也更加复杂。另一方面，异构架构带来的不仅是异构加速器件的卓越性能，还引入了主机端与异构加速器件之间协同工作的复杂性，在复杂化并行应用内部数据依赖的同时，也加重了程序员对并行程序的异步协同设计负担。

综上，超级计算机的发展使得并行程序更加复杂，包括并行程序的计算通信模式和数据依赖等。超级计算机的硬件复杂性和并行程序的应用复杂性给性能分析和优化带来了诸多挑战。目前性能分析和优化技术面临以下几个关键问题：

（1）复杂大规模并行程序的性能分析开销大。传统的性能分析技术主要分为基于事件轨迹的分析和基于程序概要的分析。基于事件轨迹的方法所记录的事件轨迹日志带来了高昂的运行时和数据存储开销。随着并行程序规模的扩大，开销也更加高昂。基于程序概要的方法的运行时和存储开销相对较低，但程序概要缺失了许多关键信息，导致该类方法难以在面对大规模并行程序中的复杂通信与计算模式时实现精确的性能瓶颈定位。传统方法无法以较低的成本分析复杂大规模并行程序的性能瓶颈。为了实现面向复杂大规模并行程序的轻量级性能瓶颈定位，需要研究有效且高效的技术以降低各类开销。

（2）性能分析场景繁杂且针对性分析工具的开发复杂性高。大规模并行应用中包含复杂的数据和控制依赖以及复杂的线程间锁和进程间通信模式，这些因素均会使性能问题更加复杂，需要程序员进一步深入分析以定位性能瓶颈。然而，现有的通用性能分析工具和特定功能的性能分析工具通常无法覆盖所有复杂场景下的性能分析，程序员需要手动开发针对特定场景的性能分析工具。但实现这些特定性能分析工具需要大量的专业知识和手动编码，导致程序员的开发效率十分低下。因此，需要研究相关技术，降低性能工具开发的复杂性，协助程序员进行高效分析。

（3）并行程序的优化策略繁多且难以选择。定位性能瓶颈后，程序员需要对并行应用作出针对性优化。然而，并行程序和大规模集群的复杂性导致性能优化策略的变体繁多且非常复杂，它们在超级计算机上运行时性能行为也难以预测。通常程序员需要手动实现所有策略后再依据测试结果进行择优，这将消耗程序员的大量精力并浪费巨大的资源。因此，需要研究相关的性能分析和预测技术协助程序员找到合适的优化策略，从而指导性能优化。

（4）复杂并行程序的全面深入优化需投入大量人力。手动分析和优化复杂并行程序通常需要极大的人力开销。一些研究工作借助编译技术实现自动优化框架，将程序员的优化压力降至最低。但目前的自动优化框架难以针对复杂并行程序全面挖掘应用程序和硬件平台的优化机会。它们通常将前端语言转换为单一的中间表达，并在该表达上进行各种优化操作，然后生成目标执行代码。然而，单一的中间表达不能兼顾对应用特征和底层硬件的完整描述，导致无法进行面向应用和硬件的全面优化。

此外，并行程序的一些优化策略需要结合应用和硬件的复杂特性进行选择，单一中间表达因缺失全面的信息，无法搜索最佳的优化策略。目前的自动优化框架仍然需要手动设计并编码实现部分优化策略，以实现全面且深入的性能优化。因此，需要研究有效的技术感知领域应用和硬件平台的性能优化机会，自动实现全面且深入的性能优化。

1.3 本书的主要研究内容与贡献

1.3.1 本书的主要贡献

本书结合编译技术和图分析技术，对大规模并行程序的性能分析和优化进行了深入研究。本书的创新和主要贡献包括：

（1）提出了一个基于图的并行程序可扩展性瓶颈检测系统 ScalAna。ScalAna 使用静态编译时分析获取程序的结构、控制流和数据流等信息，使得运行时能以极低的开销获取必要的性能数据。同时，本书发现并行程序的性能问题会通过控制流和通信传播至其他代码段。基于此发现，本书进一步提出了基于图的反向追踪技术，能够实现自动的可扩展性瓶颈检测。ScalAna 在自动定位可扩展性瓶颈的同时，显著地降低了运行时和存储开销。

（2）提出了一套面向性能分析的领域特定编程框架 PerFlow。PerFlow 能够分别对性能分析过程和程序性能行为进行抽象。首先，PerFlow 将性能分析任务的逐步分析过程抽象为数据流图。该数据流图由性能分析子任务组成，这些子任务可以由该框架的内置分析库提供，也可以由用户依据其特定分析需求实现。其次，PerFlow 以程序抽象图表示程序性能行为，允许用户利用各种图操作和图算法访问和分析程序性能，从而实现性能分析子任务。此外，PerFlow 基于二进制文件进行分析，适用于生产环境。实现结果表明，PerFlow 可以有效地降低程序员开发特定场景下性能分析工具的编码复杂性。本书成功将 PerFlow 部署于北京应用物理与计算数学研究所的生产环境中，指导 JASMIN 应用的软件参数调优。

（3）提出了一个异步策略感知的精确性能建模技术 ASMOD。ASMOD 可以预测不同异步策略下的程序性能，从而指导程序员进行性能优化。ASMOD 将不同异步策略下的并行程序表示为有向图，图中的点代表并行程序的一个模块，边表示模块之间的依赖关系。通过解析—统计结合建模技术和层次化建模技术建立程序各个模块的模型，保障模型的准确性、高效性和可移植性。同时，ASMOD 提出一种基于图的硬件感知模拟技术以预测异步策略在特定硬件平台上的性能。本书以典型科学应用 HPL 为例，验证该技术的有效性和高效性。实验结果表示，ASMOD 可以准确地预测不同异步策略下 HPL 的性能。例如，ASMOD 对“神威·太湖之光”上超 400 万核规模的 HPL 进行性能预测，误差低至 1.09%。

（4）设计并实现了一个面向领域的多层次性能优化框架 PUZZLE。PUZZLE 采用多层次中间表达表示领域层、通用层和硬件层的特性，在各层中间表达上可以轻松实现对应优化。PUZZLE 引入性能建模技术，结合多层次的特性，在各层次中指导优化策略选择。此外，PUZZLE 支持生成多种硬件平台的可执行文件，具有良好的代码可移植性和性能可移植性。本书以计算流体力学为例，验证该框架的设计。本书提出了针对流体力学领域的领域中间表达，并提供一套领域特定语言降低程序员编程复杂性。实验表明，PUZZLE 可以更有效地提升计算流体力学领域应用的性能。

1.3.2 本书的组织及各章内容简介

本书共分为 7 章，每一章的具体组织如下：

第 1 章概述了并行程序的性能分析和优化的研究背景与研究意义，介绍了目前性能分析和优化领域面临的主要问题与本书的主要贡献。

第 2 章介绍了国内外相关工作的研究现状。重点分析了国内外研究单位在并行程序性能分析和优化方面几项关键技术的研究现状。

第 3 章介绍了基于图的并行程序可扩展性瓶颈检测系统 SCALANA。首先介绍了如何通过结合静动态分析技术获取程序结构信息，构建了表示程序性能的图；其次介绍了如何通过图分析技术在表示程序性能的图上进行可扩展性瓶颈检测；最后通过多个基准测试程序和真实应用对 SCALANA 的时间高效性、空间高效性及准确性进行了验证。

第 4 章介绍了面向性能分析的领域特定编程框架 PERFLOW。首先介绍了如何对程序性能进行抽象和统一表示；其次介绍了基于数据流图的性能分析任务抽象，并以多个示例展示如何通过 PERFLOW 编写性能分析任务；最后以多个基准测试程序和真实应用验证了 PerFlow 的高效性和准确性并可以显著减轻用户编码压力。

第 5 章介绍了异步策略感知的精确性能建模技术 ASMOD。首先介绍了如何通过结合解析—统计建模技术建立高效率的性能模型；其次介绍了模型如何感知异步策略及如何通过图分析技术实现高效性能预测；最后以高性能计算中典型科学计算程序 HPL 为例，验证该建模方法的高效性和准确性。

第 6 章介绍了面向领域的多层次性能优化框架 Puzzle。首先介绍了优化框架的整体架构，接着以计算流体力学为例，介绍了该框架的领域中间表达设计；其次介绍了中间表达的逐步递降过程；再次介绍了领域层、通用层和硬件层中的多层次优化，以及性能模型如何指导优化策略选择；最后测试多个计算流体力学应用在 Puzzle 框架上的优化效果。

第 7 章总结了全书并提出了进一步研究的方向。

第 2 章　相 关 工 作

本章介绍国内外相关工作的研究现状。本章重点分析国内外研究机构对并行程序性能分析中关键技术的研究现状与存在的不足。首先，介绍性能分析中的几类主要的研究方法，包括程序分析和常见的性能分析技术。其次，介绍现有的性能预测相关技术，主要是建模和模拟的技术。最后，介绍性能优化的几类相关工作。

2.1　性能分析相关研究

2.1.1　程序分析

程序分析是指对程序的特征进行分析，大致分为静态程序分析和动态程序分析，以下分别进行介绍。

1. 静态程序分析

静态程序分析是指在不运行程序的条件下，对程序的特征信息进行分析和提取，包括控制流分析、数据流分析等。该技术广泛应用于正确性检测、安全性检测、性能分析以及软件工程等领域。静态程序分析可根据不同的分析对象分为基于源代码的分析和基于二进制文件的分析。基于源代码的分析通常针对程序源文件进行，或在编译期对中间表达进行分析。一些特定场景无法提供程序源代码，基于二进制文件的分析更适用于这些场景。

（1）基于源代码的分析。基于源代码的分析中，具有代表性的工具有底层虚拟机（low level virtual machine，LLVM）[45] 等。本书提出的

ScalAna 基于 LLVM 实现静态程序结构分析，因此本书以 LLVM 为例展开介绍。

LLVM 是由伊利诺伊大学厄巴纳–香槟分校（University of Illinois Urbana-Champaign, UIUC）研发的编译器，目前已经被广泛应用。LLVM 主要可分为前端、中端和后端三个部分。其中，LLVM 前端对 C、C++、Fortran 等语言进行词法和语法等分析，将程序转换为抽象语法树（abstract syntax tree，AST）。LLVM 中端将前端 AST 转化为静态单赋值（static single assignment，SSA）形式的中间表达（intermediate representation, IR, 后文简称为 LLVM IR）。同时，LLVM 中端维护与语言及目标平台无关的通用优化，并通过遍（pass）在 LLVM IR 上实施不同优化。最后，LLVM 后端将 LLVM IR 转化为不同目标平台的机器码。LLVM IR 是 LLVM 编译器的核心，它包含多个概念，分别是模块（module）、函数（function）、区域（region）、基本块（basicblock）和指令（instruction）等。其中，模块对应于 LLVM 前端的翻译单元，包含符号信息、目标平台信息以及元数据等。函数指常见编程语言中的函数。区域是一种标识程序结构的特殊概念，它是组成循环、分支等结构的基本块集合。基本块是一串连续指令的集合，并具有单入口单出口的特性。指令是 LLVM IR 的最小执行单元。

前端 AST 和 LLVM IR 的表达形式不同，因此适合基于它们实现不同类型的分析和优化。前端 AST 相对更靠近编程语言，适合进行循环分支等结构分析、访存模式分析和源码修改等。LLVM IR 相对更加通用，与语言和平台无关，适合进行控制流分析、数据流分析和函数调用关系分析等。

（2）基于二进制文件的分析。在许多真实场景中，因涉密等各种原因无法获取源代码。基于二进制文件的分析可以帮助摆脱源代码限制，同时也更适合于生产环境。基于二进制文件的典型工具包括 Dyninst[46]、angr[47] 等。其中，Dyninst 是威斯康星大学研究团队开发的开源二进制分析工具。许多分析工具基于 Dyninst 进行开发，包括 VampirTrace、TAU、STAT 和 Extrae 等。本书提出的 PerFlow 也基于 Dyninst 实现静态分析。

基于二进制文件的分析原理与基于源代码的分析类似。它们之间的主要区别是二进制文件的字节码通常已经结合目标平台特征进行了大量优化变换，打破了原始语言表达的部分结构和逻辑。出于该原因，基于二进制文件的分析对循环、分支结构的识别能力弱于基于源代码的分析。但同时，程序运行时的性能行为与二进制文件中的特性更相关。例如，对于同一源代码，编译器的 O1、O2 和 O3 会进行不同优化，并生成不同的二进制文件。相比于源代码，程序运行时的行为显然与优化后生成的二进制文件更相关。

综上，基于二进制文件分析的优点是更适合生产环境，且更贴近运行时的程序行为。而缺点是在某些情况下，分析结果与源代码难以进行准确对应，削弱了分析后的反馈能力。

2. 动态程序分析

动态程序分析是指对应用程序的运行时行为进行记录，记录的数据被称为运行时数据。运行时数据分为两类，分别是程序概要（profile）和事件轨迹（trace），程序概要是程序行为的统计信息，即对程序运行时事件的时间进行总结。事件轨迹则记录程序运行时关键事件的执行顺序、执行时间点以及各事件的相关信息。运行时数据的采集技术主要有两种，分别是采样和插桩技术。采样技术通过监控硬件性能计数器（performance monitor unit，PMU，又称性能监控单元）对运行时应用程序进行定期中断，并抓取程序快照。以时钟周期数事件为例，采样技术间隔固定时钟周期数对程序进行中断和快照抓取，从而采集运行时间的热点。插桩技术指在应用程序的特定位置插入执行指令，从而对应用程序或者硬件计数器的相关数据进行收集和记录。具有代表性的动态插桩工具包括 Intel PIN[48]、DynamoRIO[49] 和 Valgrind[50] 等。一些方法借助静态程序分析对程序进行静态插桩，在程序源码中插入代码段，其效果与动态插桩类似。图 2.1 展示了运行时的性能数据类型和采集方法。程序概要可以通过采样或插桩技术获取，而事件轨迹只能采用插桩技术收集。

田纳西大学（The University of Tennessee，UT）创新计算实验室开发的 PAPI 工具[51] 可以提供访问硬件性能计数器接口，方便用户监控和采集应用程序运行时的处理器事件信息。该工具支持超过 100 个处理器事件的监控采集，包括时钟周期数、执行指令数、各级缓存丢失和命中次数以及旁路转换缓冲（translation lookaside buffer，TLB）丢失次数等。

PAPI 工具支持用户以采样和插桩技术采集硬件性能事件信息。

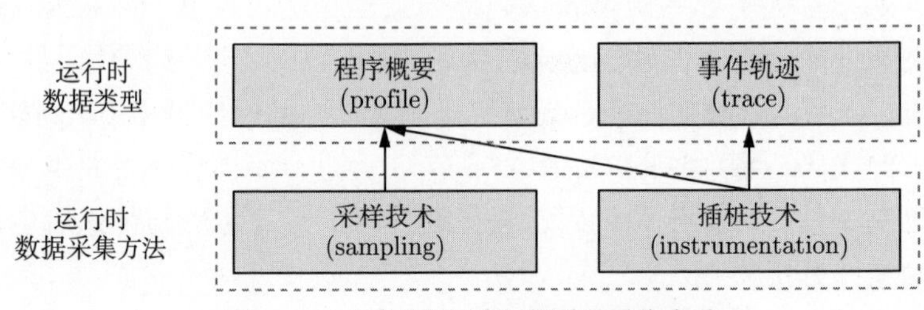

图 2.1 运行时数据的类型及采集方法

PIN[48] 是 Intel 公司和弗吉尼亚大学（University of Virginia，UVa）开发的开源动态二进制文件插桩工具。它支持在运行时进行不同粒度的插桩，包括指令、基本块、函数和程序映像。PIN 工具的开销分为两部分，分别是 PIN 工具本身的运行时开销和程序员定义的插桩任务引入的开销。PIN 工具本身的运行时开销通常很低（5%~20%），而程序员定义的插桩任务往往开销很大。运行时插桩的粒度越细，开销越大（指令级插桩任务的开销在数十倍至数百倍）。

2.1.2 性能分析技术

研究人员已经针对性能分析展开了大量的研究。现有的性能分析技术可依据其采集的运行时数据类型大致分为两类，分别是基于程序概要的方法和基于事件轨迹的方法。基于程序概要的方法具有开销低的特点，其中典型的研究工作包括 VTune[17]、mpiP[19] 和 HPCToolkit[18] 等。基于事件轨迹的方法对程序运行过程进行了完整的记录，具有代表性的工作包括 Scalasca[21]、Vampir[23] 和 TAU[24] 等。该类方法采集的完整事件轨迹支持精确的深入分析，但同时也引入非常高昂的开销。

1. 基于程序概要的方法

美国劳伦斯利弗莫尔国家实验室（Lawrence Livermore National Laboratory，LLNL）开发的 mpiP[19] 是一个轻量级的 MPI[52] 通信性能分析工具。该工具仅收集 MPI 函数的统计信息，因此它的运行时开销和性能数据的存储开销均非常低。通过动态插桩 MPI 函数，mpiP 工具无需修改程序源码或二进制文件，即可实现调用上下文相关的 MPI 函数信息，包括通信时间、消息大小等。然而，该工具仅能针对 MPI 通信进行性能采集，无法收集应用程序中计算等其他特征的性能数据。美国加州大学伯克利分校（University of California Berkeley，UCB）开发了 Gprof[20] 工具。该工具可以收集函数级的统计性能数据，并提供函数调用关系图。具体地，该工具需要在编译期介入程序进行分析，并在运行时统计各个函数的性能数据，包括执行时间、被调用次数等。该工具仅支持函数级的性能数据采集，而无法深入函数内部分析复杂的计算和通信特征。Tallent 等研究人员[53] 使用采样技术采集调用上下文相关的函数级程序概要数据，并通过该数据识别和定位并行程序中的负载不均衡。

美国莱斯大学（Rice University，Rice）开发的 HPCToolkit[18] 是一套轻量级的性能数据采集和分析工具。该工具支持串行、多线程（如 Pthreads[54] 和 OpenMP[55] 编程模型）、多进程（MPI 编程模型）和混合并行程序的性能分析，已经部署于 Summit 等世界领先的大规模超算集群。HPCToolkit 基于运行时采样技术，辅助以静态二进制文件分析，实现循环级的细粒度性能数据采集。该工具支持各种硬件性能事件的数据采集，包括执行周期数、执行指令数、缓存丢失次数等。此外，HPCToolkit 提供图形界面 hpcviewer 和 hpctraceviewer，分别支持调用堆栈展开和时间线形式的性能数据可视化。

VTune[17] 是 Intel 公司开发的针对 x86 平台设计的性能分析工具，目前已被集成进 Intel oneAPI 工具包中。VTune 的功能非常全面，包括热点定位和访存检测等。Nsight①是 NVIDIA 公司针对 GPU 异构平台开发的轻量级调试和性能分析工具，支持对于 GPU 吞吐量和利用率等关键指标的测量与分析。Arm MAP[56] 是针对 ARM 架构的轻量级性能采集工具，目前已融入 Arm Force 调试和性能分析套件中。针对 Cray X1 平台开发的 CrayPat[57] 支持程序概要和事件轨迹两种模式的性能数据采集。

基于程序概要的方法存在一定的局限性，具体体现在采集的性能数据中缺失了部分数据流、控制流和通信模式等复杂依赖信息。因此，在某些场景下，该类方法无法实现精确的性能瓶颈分析和定位。

① https://developer.nvidia.com/zh-cn/nsight-systems。

2. 基于事件轨迹的方法

德累斯顿工业大学（Technische Universität Dresden，TUD）开发的 Score-P[58] 是一套面向并行应用程序的性能采集工具，支持 MPI[52]、OpenMP[55]、Pthreads[54] 和 CUDA 等多种编程模型下应用程序的性能数据采集。Score-P 支持程序概要和事件轨迹两类性能数据的采集，该工具通过采样模式实现上下文相关的函数粒度程序概要采集，存储为 CUBE4[59] 格式；通过插桩模式实现事件轨迹收集，采集粒度同样为上下文相关的函数粒度，存储为 OTF-2 格式[60]。

研究人员基于 Score-P[58] 实现了许多通用性能分析工具，包括 Scalasca[21]、TAU[24]、Vampir[23] 等。这些工具基于事件轨迹数据进行深入分析，并进行数据可视化。德国于利希研究中心（Jülich Research Center）开发的 Scalasca[21] 能够基于事件轨迹数据进行性能分析，并提供以图形界面直观地展示性能分析结果。事件轨迹数据涵盖了程序中完整的依赖关系。Scalasca 支持关键路径分析和根本原因分析等深入性能分析。俄勒冈大学的（University of Oregon，UO）TAU[24] 支持使用其内置性能采集工具或 Score-P 进行性能数据采集。TAU 可以在图形界面中展示运行时间线上的所有程序事件，并支持交互式地查看每个事件的硬件性能数据等信息。德累斯顿工业大学的 Vampir[23] 工具同样支持对完整事件轨迹的可视化展示。此外，Vampir 还能利用进程间通信依赖信息，进行根本原因定位等深入分析。

英特尔公司开发的 ITC/ITA[22] 是一套面向 MPI 并行程序的性能数据采集和分析工具。ITC 可以收集并行程序的 MPI 通信和用户定义函数的相关性能数据，并记录为事件轨迹。ITA 在时间线上展示各个进程内事件轨迹以及进程间的 MPI 通信。Paraver[61] 是一个基于事件轨迹的性能分析工具，支持灵活的性能数据收集和针对性能指标异常的详细分析。

随着超算集群的规模扩增，事件轨迹数据也随之增长。例如，在天河二号超级计算机上，Score-P 对 128 进程规模的 NPB-CG 程序采集的事件轨迹数据超过 250 GB。在 E 级或更大规模的超算集群上采集事件轨迹的运行时开销和数据的存储开销将会更加巨大。因此，许多研究工作使用压缩技术以减少事件轨迹运行时开销和数据存储开销。OTF[60] 是一种快速且高效的事件轨迹格式，OTF-2 是 OTF 的改进格式。Scalasca[21]、

Vampir[23] 和 TAU[24] 等工具均支持 OTF-2 格式。然而 OTF 格式不支持进程间的数据压缩，这导致数据量仍然随着进程数增大而增大。Noeth 等提出了 ScalaTrace[62]，它是一种可扩展的通信轨迹压缩算法。该算法贪心地压缩通信事件轨迹中的首次匹配序列，因而其压缩开销非常大。Wu 等提出的 ScalaTrace-2[63] 在一定程度上提高了 ScalaTrace 的压缩效率，但是其进程间压缩的开销仍然很大。翟季冬等提出了 Cypress[26]，该算法利用静态分析获取的程序结构，对通信轨迹进行高效压缩。

3. 其他方法

本节主要介绍基于程序概要和事件轨迹之外的用于并行程序性能分析的方法，包括基于图的分析方法、静动态结合的分析方法以及针对特定场景的基于约束求解的分析方法（constraint-solving-based analysis）等。

（1）基于图的性能分析技术。堆栈跟踪分析工具（stack trace analysis tool，STAT）[64] 通过运行时对函数调用堆栈进行采样生成 3D–轨迹/空间/时间调用图（3D-trace/space/time call graph）以实现大规模并行程序的执行调试。Cypress[26] 提出了通信结构图（communication structure tree，CST）以表示程序结构和运行时通信性能，从而进行通信轨迹压缩。wPerf[65] 使用等待关系图（wait-for graph）表示线程间的等待事件，并在该图中搜索特殊的缠结模式，以定位性能瓶颈。PROGRAML[66] 用有向的多维图表示程序，并利用深度学习模型进行程序分析。此外，研究人员针对数据处理应用提出了许多基于图的性能分析方法，如 Canopy[67] 和 X-Trace[68] 等。这些工作利用图分析技术挖掘性能数据中被复杂的程序结构和依赖关系隐藏的性能问题。

（2）静动态结合的性能分析技术。纯动态的性能分析方法运行时开销非常大，一些研究工作结合静态分析以降低动态分析的开销。FACT[25] 是一个基于程序切片的高效通信事件轨迹采集方法。该方法在静态编译期进行数据依赖分析，找到并切除与通信函数关键参数无关的代码片段，在运行时仅执行与通信函数关键参数相关的代码片段。切除后的程序可以在极短的时间内采集近似完整的通信事件轨迹。vSensor[28] 是一个性能异常检测工具。它在静态编译时进行数据依赖和控制依赖分析，找到程序中具有固定负载的代码片段，具体为循环次数固定且每次循环执行相同代码的代码片段。vSensor 通过固定负载的代码片段在运行时的性能波动情况来判断程序是否都出现性能异常。Spindle[27] 是一个高效内存检测工具。该工具在编译时对程序的访存模式进行分析，在动态运行时仅需对访问模式中的相关变量进行记录。通过结合静态分析，Spindle 可以在相对低的开销下进行内存轨迹的采集和检测。PEMOGEN[69] 和 Bhattacharyya 等的工作[70] 结合静态分析进行性能建模。它们在编译期分析程序的结构信息和循环次数，以确定性能模型的基本解析架构；在运行时采集性能数据对模型进行修正，有效地提高了性能模型的准确性，并降低了建模开销。这些工作结合静态和动态分析技术进行程序性能分析，在保障分析准确性的同时降低运行时分析开销。

（3）针对特定分析场景的方法。Coarfa 等[71] 通过自顶向下地对比不同规模下程序概要数据进行可扩展性分析。然而，该方法无法支持一些复杂依赖场景下的分析。Bohme 等[29] 基于事件轨迹对进程间等待事件进行根本原因分析。该方法通过前向和反向重放技术，在事件轨迹的时间线上定位引起等待和延迟的根本原因。ScaAnalyzer[31] 在运行时收集访存相关的性能指标，从而定位并行程序中由内存访问行为引起的可扩展性瓶颈。此外，Liu 等提出的 FVSampler[72] 以函数栈变化为中断触发事件，对程序进行运行时采样，实现了低开销的程序概要数据采集和性能异常分析。FPowertool[32,73] 是北京航空航天大学和山东师范大学共同研发的工具，它可以针对程序能耗进行函数粒度的在线监控分析。FPowertool 结合了采样技术和动态插桩技术的优势，实现了低开销的能耗分析。这些分析方法可以实现高效且准确的分析，但仅局限于某些特定场景。

2.2 性能预测相关研究

性能预测可以预测程序性能，帮助程序员理解程序行为，指导性能优化以及未来集群的设计。现有的性能预测技术主要分为建模和模拟两类，本节主要介绍这两类技术的相关工作。

2.2.1 性能建模

性能模型可依据建模方法分为解析模型和统计模型两大类。解析模型是一种白盒模型，可以依据分析对象的原理和逻辑推导出理论公式。在针对特定程序或特定硬件平台的建模过程中，专家挑选程序或硬件的关键特性，并通过数学公式表示性能与关键特性之间的关系。解析模型通常具有较高的准确性，但对于一些动态或复杂的场景，则要求专家具备强大的领域知识。统计模型是一种黑盒模型，通过数学拟合方法形成性能与某些程序特性之间的映射关系。统计模型可以有效降低建模过程的复杂性。然而，对于某些具有复杂数据依赖、负载不平衡等因素的程序，统计模型通常无法准确建模和预测。此外，统计模型的可移植性自然较差，它们的拟合参数强烈依赖于实验数据，平台环境的变化会直接导致实验数据的变化。

（1）解析模型。研究人员运用解析模型对科学计算应用进行了大量的分析。Kerbyson 等[74] 对 SAGE 进行了分析并建立模型，考虑了网格内计算、网格间通信及资源竞争等因素对性能的影响。Barker 等[75] 针对 Krak 程序构建解析模型，并利用模型对更大规模时程序的计算时间进行预估。Eller 等[76] 针对 Krylov 求解器进行建模，将单节点带宽限制和网络拓扑等因素作为惩罚项加入模型中。该模型有效地指导了节点感知和拓扑感知的进程映射，提升了 Krylov 求解器在多个大规模集群上的性能。此外，Hoefler 等[77] 通过分析循环的迭代空间来构建循环的性能模型，预测循环随着进程规模、问题规模扩展时的性能变化，从而探索潜在的可扩展性瓶颈。莫则尧研究了一种性能分析方法[78]，针对数值性能和并行效率进行深入探索，提出有效策略以指导性能优化，可以准确解释超线性扩展性的原因。徐小文和武林平等[79-80] 针对高性能计算系统的性能不稳定性展开研究，基于程序的计算通信特征对性能不稳定性进行量化。谭光明等[81-82] 提出了 HPL 应用的性能模型，通过该模型指导大规模高性能集群上 HPL 的深度优化。本书提出的 ASMOD 受到该工作的启发，进一步提出了异步策略感知的性能建模技术。郑纬民和薛巍等[83] 针对复杂气候模式程序 CESM 建立性能模型，在时间和进程资源的二维空间中，选择 CESM 中各模块的调度策略，实现整体性能最大化。

近年来，机器学习领域发展迅速，研究人员针对机器学习应用开展了研究工作。加利福尼亚大学洛杉矶分校（University of California，Los Angeles，UCLA）提出了针对深度神经网络应用的解析模型 Paleo[84]。Paleo 将神经网络中声明算子的计算需求映射至目标平台的软硬件和通信策略的空间中，能够准确地预测神经网络应用的可扩展性。此外，Hoefler 等[85] 针对分布式深度学习应用展开了深入性能分析，总结了当前针对单一算子、训练推理的并行度和分布式训练的相关建模方法，并提出了进一步的优化策略，包括异步策略、分布式策略和通信策略等。

通信是大规模并行程序的重要部分，通信性能对程序整体性能影响巨大。研究人员针对通信性能开展了大量建模工作。Postal 模型（也称 α-β 模型）[86] 是一种经典的通信分析模型。它以公式 $T\,(\mathrm{s}) = \alpha + s \times \beta$ 表示发送或接收大小为 s 的消息的时间，其中 α 表示网络延迟，β 表示系统的网络带宽的倒数。LogP 模型[87] 考虑了并行集群上系统开销对通信性能的影响。研究人员进一步提出了 LogGP[88]、LogGPS[89]、LoPC[90]、LoGPC[91]、PLogP[92] 和 LogGPO[93] 等一系列通信模型，以预测真实场景下的通信性能。

（2）统计模型。研究人员探索了各种数学拟合形式，建立表示程序性能的统计模型，有效地降低建模的复杂性。一些研究工作[69-70,94] 利用山脊回归（ridge regression）、最小绝对收缩（least absolute shrinkage）和决策树等线性回归方法，建立性能和程序特征之间的映射关系。然而，并行程序的性能行为非常复杂，线性回归方法通常难以实现准确拟合。因此，研究人员探索了更多非线性的回归方法，例如 log-log 模型[95]、EPMNF 范式（extended performance model normal form）[69-70] 等。钱德沛和杨海龙等提出了 csTuner[96]，该框架基于 PMNF[97] 范式（performance model normal form）建立模型，实现对复杂模板计算在 GPU 平台的参数调优。近年来，机器学习的发展非常迅速，研究人员也尝试利用其逼近高维函数的特殊能力实现更精确的性能建模。Ogilvie 和 Thiagarajan 等[98-99] 基于机器学习方法探索了用于自动参数调优的模型。该模型主要针对应用程序中的高性能部分实现高精度建模，而忽略低性能部分。Lee 等[100] 利用神经网络训练并行程序的性能模型。他们的方法是一种典型的黑盒模型，利用神经网络自动捕捉并行程序的复杂特性。Chen 和 Sun 等[101] 提出了一种基于机器学习的自动建模技术。该技术自动地识别并行程序中的关键变量、循环、分支和通信等信息，建立程序性能与输入参数和运行规模之间的映射关系。

2.2.2 性能模拟

性能模拟可依据模拟粒度大致分为两类，一类是接近微架构的执行驱动模拟（execution-drive）模拟，另一类是接近程序的事件驱动（trace-driven）模拟。执行驱动的模拟器通过模拟程序中的指令执行，预测程序计算通信和 I/O 等事件的性能，可以实现周期精确（cycle-accurate）模拟。同时，执行驱动模拟的模拟开销非常高昂。这类技术的典型模拟器有 BigSim[102]、Mambo[103]、COMPASS[104]、SST[105] 和 MPI-SIM[106] 等。事件驱动模拟针对程序的控制流进行粗粒度的模拟，这类方法通常模拟开销较低，但同时预测准确性也相对较低。具有代表性的事件驱动模拟器包括 DIMEMAS[107-109] 和 Phantom[110] 等。

（1）执行驱动模拟。美国桑迪亚国家实验室、橡树岭国家实验室和马里兰大学等多家单位共同研发了 SST[105]（structural simulation toolkit）模拟器。SST 是一个针对高并发系统微处理架构和内存的多尺度模拟器，目前已经应用于许多网络、内存和应用案例的分析中，有效地指导了高性能集群的设计。IBM 奥斯丁研究实验室开发的 Mambo[103] 是针对 PowerPC 架构设计的全系统模拟器，支持功能性模拟和时间精确模拟两种模式。其中，时间精确模拟针对设备延时和微处理器架构的周期精确模拟，模拟开销非常高昂。中国科学院计算技术研究所的孙凝晖等研发的 SimK[111] 是一款模拟引擎，支持并行地模拟程序执行中的计算、通信和锁等各种事件。基于 SimK 开发的 HppSim 和 HppNetSim 是执行驱动的模拟器，其模拟效率在多线程并行时，达到了近线性的加速比。

UCLA 研发的 MPI-SIM[106] 是一个针对 MPI 程序的执行驱动模拟器。MPI-SIM 在模拟平台上直接执行计算代码，同时在模拟器中模拟通信事件。具体地，MPI-SIM 在模拟过程中截获并行程序中的 MPI 调用接口，并执行模拟器内部对应的通信函数。通过这种方法，MPI-SIM 可以利用模拟平台中较少的资源，模拟大规模目标集群上的并行程序性能。此外，Bagrodia 等[104] 基于 MPI-SIM 开发了 COMPASS 模拟器，模拟对 I/O 操作在并行文件系统上的性能行为。伊利诺伊大学厄巴纳–香槟分校开发了一套执行驱动的并行程序模拟器 BigSim[102]。该模拟器通过乐观同步协议和并行离散事件模拟技术，使模拟过程更加高效。

（2）事件驱动模拟。事件驱动模拟技术对程序中的一些重要事件进行抽象，并使用重放等技术以进行性能预测。西班牙加泰罗尼亚理工大学（Universitat Politècnica de Catalunya Barcelona Tech，UPC）研发的 DIMEMAS[107-109] 是一套事件驱动模拟器。它基于 Vampir 工具[23] 采集的事件轨迹和目标平台的硬件参数，对并行程序性能进行模拟。清华大学的陈文光和翟季冬等开发了大规模并行程序的预测系统 Phantom[110]。该系统是一个事件驱动的模拟器，它使用代表性重放技术获取各进程的顺序计算时间，通过程序切片技术收集通信模式，并将这些日志信息整合为事件轨迹。在模拟过程中，Phantom 采用 LogGPO 模型[93] 对通信时间进行预测。通过上述方法，Phantom 可以在单节点进行大规模应用程序的性能预测。

此外，江南计算技术研究所研发的 ArchSim 模拟器[112] 是一个针对并行程序的模拟器，它既支持执行驱动模拟，也支持事件驱动模拟。ArchSim 模拟器采用分组模拟的策略，组内执行严格同步，组间进行乐观同步，使模拟器兼备精确性和高效性。

2.3 性能优化相关研究

常见的性能优化方法通过对性能瓶颈进行有针对性的手动优化，从而实现性能提升。但这种方法要求程序员具备较强的优化专业知识，同时也带来了巨大的编程复杂性。研究人员尝试通过自动优化框架减轻程序员的压力。

2.3.1 并行程序优化

世界各国的研究人员在大规模超级计算机上移植并优化真实科学计算应用，试图通过更高的算力突破科学领域的研究瓶颈。在国外，美国的劳伦斯利弗莫尔国家实验室和橡树岭国家实验室等[3] 共同提出了运用机器学习进行天气分析的方法，并将该应用移植至 Summit 等超级计算机上。该工作通过异步数据读入和层次化集合通信等策略对应用进行了优化。日本筑波大学等[113] 在富岳超级计算机的 700 万核上进行 Vlasov 模拟。该工作通过调整数值分析策略以及充分运用 A64FX 处理器上的 SIMD 指令，实现了高效的 Vlasov 模拟。

国内，国防科技大学的廖湘科等[5]将地震模拟应用移植至包括天河二号在内的多个超级计算机上。该工作进行了多项优化使应用的整体计算效率得到大幅提升，其中包括针对硬件特殊设计了块矩阵的大小等。杨超、薛巍和付昊桓等[1]将大气模式应用移植至“神威·太湖之光”上，并进行了深度优化。具体地，该工作设计了特殊的数据共享策略，并实现了针对众核架构的数学操作库。清华大学的陈文光和薛巍等[14]提出的 ShenTu 是一个支持百万核规模的图计算框架。ShenTu 针对 SW26010 众核处理器设计了特殊核间通信机制，并依据图中顶点的出入度等特性设计特殊的消息传递模式。中国石油大学的刘伟峰等在异构加速器上对稀疏矩阵—矩阵乘法、矩阵—向量乘法和三角矩阵求解等问题进行了深度优化[114-117]。

这些工作针对特定应用和特定平台进行了深度优化，包括应用算法的变换、内存布局和数据结构的调整、基于体系结构特殊指令的优化和针对大规模集群网络架构的通信优化等。然而，手动优化要求程序员具备极强的优化知识，并需要投入大量精力。

2.3.2 统一编程模型

为了减轻程序员手动优化的负担，研究人员提出了一系列统一编程模型，对计算特征、内存布局及常见优化策略进行抽象。典型的统一编程模型包括 OpenCL[38]、OpenACC[118]、Kokkos[35]、RAJA[36]、SYCL[37]和 DaCe[39]等。

美国的 E 级计算项目（exascale computing project）中的 Kokkos[35]和 RAJA[36]在现有的编程模型（如 OpenMP[55]）上进一步提出了一个抽象层。该抽象层包括内存空间、执行空间、数据布局和并行执行。Kokkos 和 RAJA 目前均只提供 C++ 接口，后端支持多种原生并行模型，包括 CUDA 和 OpenMP 等。此外，Khronos 团队提出了一种基于 OpenCL[38]的跨平台的编程模型 SYCL[37]。SYCL 继承了 OpenCL 中对并行程序的通用抽象，包括队列、数据存储类型和数据访问类型等。与 OpenCL 不同的是，SYCL 的编程更加简洁，同时支持依据任务依赖图进行自动内核执行调度，无需手动指定执行顺序。

苏黎世联邦理工学院提出的 DaCe[39]是一个以数据为中心的统一编

程模型。DaCe 将并行程序抽象为基于图的中间表达，该中间表达包含计算抽象、数据抽象和并发操作等概念，DaCe 通过在中间表达上进行图变换实现优化。DaCe 提供了大量内置优化策略，允许程序员交互式地对中间表达进行优化。DaCe 的后端支持将中间表达生成 CPU、GPU 和 FPGA 上的相应代码。

中国科学院计算技术研究所的冯晓兵和崔慧敏等提出的 EPOD[119] 是一种面向语义模式优化的编译框架。该框架提供优化编程接口和 EPOD 脚本，协助程序员描述优化策略。同时，EPOD 支持源到源的代码转换，自动生成自定义优化策略下的 C 语言代码，极大地降低了实现优化策略的人力开销。冯晓兵和刘颖等提出的 PPOpenCL[120] 编程框架支持性能可移植性，其创新地提出了主从融合的编译优化技术，通过数据流和控制流分析实现深度性能优化。

统一编程模型对并行计算进行高级抽象，允许用户通过简单的原语实现并行化，极大地降低了并行编程的复杂性。然而，真实应用中往往存在复杂依赖，仍然需要程序员使用大量原语对应用的特殊并行模式进行描述。

2.3.3 自动优化框架

一些研究工作通过编译技术实现自动优化框架，试图进一步减轻程序员的优化压力。领域特定优化框架是一类典型的自动优化框架，它对特定领域进行抽象，程序员仅需基于该抽象描述应用，框架可以实现自动优化。具有代表性的领域特定优化框架有 TVM[43]、Halide[40]、TACO[41,121]、Taichi[42] 和 Stella[44] 等。领域特定优化框架结合领域知识进行自动优化，极大地降低了优化开销。但是，领域特定优化框架通常注重对领域的表达，而无法完整描述硬件相关的信息，因而无法结合领域和硬件信息进行优化。谷歌的多级中间表达（multi-level intermediate representation，MLIR）项目提供了一个新的思路，以多层次中间表达描述领域和硬件等不同对象的特性，从而实现多层次优化。本书基于 MLIR 项目实现面向领域的多层次性能优化框架 PUZZLE，本节主要介绍典型的领域特定优化框架和 MLIR 项目。

（1）领域特定优化框架。陈天奇等提出的 TVM[43] 是一个面向深度学习的自动优化框架。TVM 运用了计算和调度分离的思想，运用一层特殊中间表达表示各种深度学习模型，并通过调用原语实现针对硬件的特殊优化。此外，TVM 使用机器学习搜索最优的调度策略，包括循环顺序、循环分块大小和循环展开层数等张量表示及运算实现，从而实现针对不同硬件平台的自动优化。

麻省理工学院的 Amarasinghe 等开发的 TACO[41,121]（tensor algebra compiler）是一个针对稀疏张量的自动优化和代码生成框架。TACO 提供了一种特殊的张量定义形式，需要用户指定每个维度的特性（稠密或稀疏），并指定其存储顺序。同时，TACO 需要用户输入张量的运算模式。TACO 基于张量的存储格式和运算模式进行自动优化，并生成优化后的代码。

胡渊鸣等提出了一个面向空间稀疏数据的优化框架 Taichi[42]。针对三维视觉计算中的空间稀疏性，Taichi 设计了层次化的数据存储结构，以实现高效的稀疏数据访问和维护。此外，Taichi 基于层次化数据结构进行冗余访问消除、负载均衡化和自动并行化等优化，最终生成可以在 CPU 和 GPU 平台上运行的内核代码。

（2）多级中间表达。谷歌的 MLIR 项目[122] 是一套用于开发（专用）编译器的基础设施。MLIR 通过多级中间表达实现不同对象的特征描述，极大地提升了编译框架的表达能力。MLIR 支持基于不同中间表达实现针对不同对象的优化策略。中间表达是 MLIR 项目的核心。在 MLIR 的设计中，中间表达是 SSA 形式的，其设计包含三个基本概念：①操作（operation）：操作对应一个指令，可以有任意一个输入和输出。②方言（dialect）：MLIR 中的方言是一组操作的集合，这组操作可以描述某个对象的各种特性。③遍（pass）：实现优化变换的手段，通过识别一个或多个操作间的特殊模式，在中间表达上进行相应的变换，从而实现优化。MLIR 提供了大量的基础组件用于描述操作、方言和遍。同时，MLIR 提供了一系列内置的方言和遍（例如 tensor、spirv、memref 和 omp 等）。开发者可以直接调用内置方言和遍，以开发自定义编译器。在中间表达的逐层递降过程中，允许实施多层次的全面优化，并最终生成不同硬件平台的可执行代码。目前，MLIR 已经融入 LLVM 项目中，正处于开发阶段，其方言的生态还处于发展演进阶段。

第 3 章　基于图的并行程序可扩展性瓶颈检测

超级计算机规模的扩增带来了计算力的迅速提升，然而并非所有并行程序都能有效地利用超级计算机的计算资源。图 3.1 展示了天河二号上以不同进程规模运行并行程序 NPB-IS.D 时运行时间的变化趋势。在 32~256 进程规模时，其运行时间的下降趋势接近线性，而在 256~1024 进程规模时，其运行时间下降缓慢甚至出现上升。可扩展性指并行程序性能随着规模扩增而提升的能力，上述例子中 NPB-IS.D 展现出非常不好的可扩展性。导致并行程序可扩展性不佳的原因有很多，例如资源竞争、串行逻辑、网络拥塞和负载不均等。为了提高并行程序的可扩展性，程序员首先需要定位可扩展性瓶颈，然后进行针对性优化。

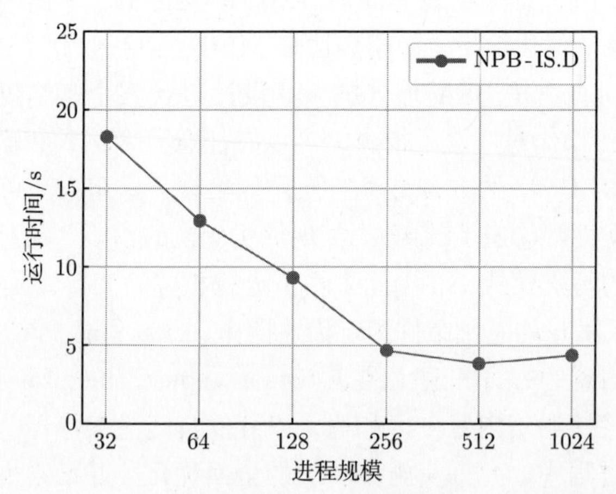

图 3.1　NPB-IS.D 在天河二号超级计算机上的运行时间

经观察和分析，本书发现在并行程序运行时，某些进程内的性能瓶颈会通过进程间通信传播至其他进程中。图 3.2 以并行程序 NPB-CG 为例展示了一个性能问题传播的示例。图 3.2（a）是 NPB-CG 主循环体的代码结构，通过三次点对点通信实现全局通信。图 3.2（b）展示了 8 进程规模时的进程内数据、控制流以及进程间通信模式。图中的每一行代表一次点对点通信，每一列代表一个进程。本书在 4 号进程的第一次点对点通信前，手动插入了一段产生延时的代码段。该延时会通过进程间通信和进程内的数据、控制流传播至其他进程中。图 3.2（c）展示了其中几条性能瓶颈的传播路径，4 号进程的性能瓶颈导致程序多个进程中的多个代码段出现了性能问题。在所有表现出性能问题的代码段中自动、准确且高效地定位性能瓶颈（即根本原因）是极具挑战的。现有的工作中，基于事件轨迹的方法可以实现准确的瓶颈定位，但同时会引入巨大的开销。例如，基于事件轨迹的性能分析工具 Scalasca 分析 1024 进程规模下 NPB-CG 时生成了超过 250 GB 的数据。而基于程序概要的方法非常轻量级，但是它们通常缺少程序的进程内控制依赖和进程间通信依赖等信息，因而需要程序员进行大量手动分析才能定位瓶颈。

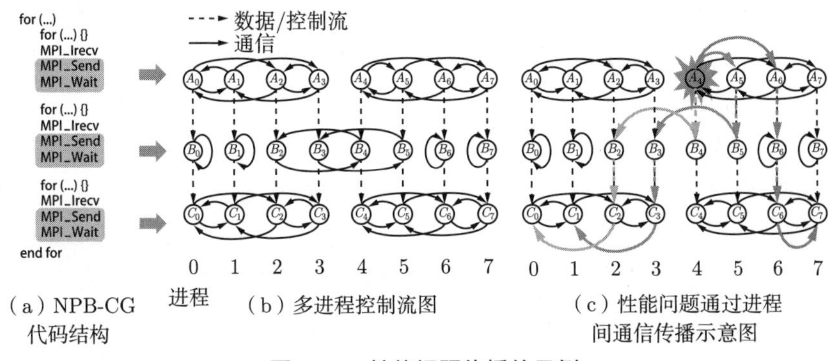

（a）NPB-CG 代码结构　（b）多进程控制流图　（c）性能问题通过进程间通信传播示意图

图 3.2　性能问题传播的示例

针对上述问题，本书提出了一种创新技术 ScalAna，ScalAna 可以实现轻量级且自动化的可扩展性瓶颈检测。本章主要有两点技术贡献：

（1）结合静动态分析技术采集可扩展性分析所需的相关数据。该技术借助静态编译时分析显著降低运行时和存储开销。

（2）将并行程序性能行为表示为一个特定的图，并进一步提出基于该图的反向追踪技术以自动定位可扩展性瓶颈。该技术支持在性能问题传播的场景下，准确定位可扩展性问题的根本原因。

3.1 节给出 ScalAna 的整体框架，3.2 节介绍如何通过结合静动态分析技术生成表示程序性能行为的图，3.3 节进一步介绍如何基于该图进行可扩展性瓶颈检测，3.4 节介绍 ScalAna 的实现和使用方法，3.5 节展示相关实验分析，3.6 节对本章进行总结。

3.1 整体框架

ScalAna 有两个主要创新点，第一是结合静动态分析技术以最小化运行时性能数据采集的开销；第二是将程序结构和性能表示为程序性能图，并利用图分析技术在程序性能图上进行可扩展性瓶颈分析。具体地，ScalAna 在静态编译时提取程序结构等信息以构建程序结构图，该图提取了并行程序的主要计算模式和通信模式。在运行时，ScalAna 低开销地采集性能数据和进程间的通信依赖信息，并将这些信息关联至程序结构图中，生成程序性能图。ScalAna 分析程序性能图的特征以定位存在性能问题的顶点，而后设计图算法以自动地定位可扩展性问题的根本原因（定位指对程序内性能问题代码片段的定位，而非性能问题种类的定位）。

ScalAna 由两个主要模块组成，分别是图的生成和可扩展性瓶颈检测。图 3.3 展示了 ScalAna 的系统框架。图的生成模块包含了两个子模块，分别是静态分析和动态分析。静态分析在编译时完成，而动态分析在运行时进行。可扩展性瓶颈检测模块是一个离线模块，该模块包含了性能问题顶点检测和反向追踪根因分析两个子模块。以下对两个模块中的核心步骤进行详细描述。

（1）图的生成模块

①过程内/过程间分析（3.2.1 节）。该步骤以并行程序的源代码为输入，使用 LLVM 编译器[45] 在编译时进行过程内分析和过程间分析以提取程序结构，从而生成一个初步的程序结构图。程序结构图中的顶点代表源代码中的代码片段，边代表代码片段之间的控制流和数据流。

②图压缩（3.2.1 节）。该步骤对程序结构图进行压缩。在保留计算和通信特征的前提下，尽可能删除不必要的边，并合并低负载的顶点，从而降低可扩展性瓶颈检测模块的分析开销。

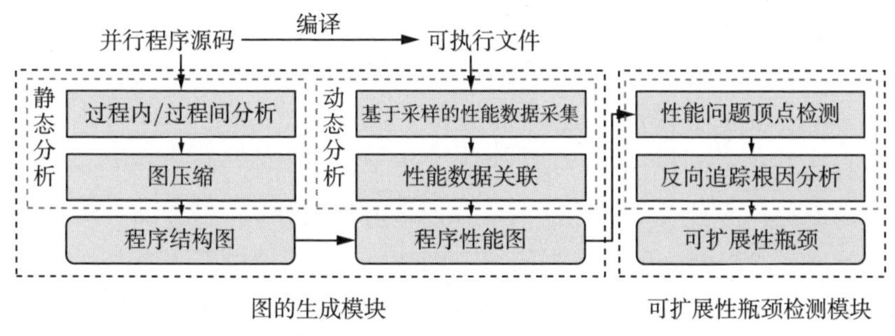

图 3.3　ScalAna 系统框架

③基于采样的性能数据采集（3.2.2 节）。在该步骤中，ScalAna 利用采样技术采集性能数据，利用基于采样的动态插桩技术采集进程间通信依赖。

④程序性能图的生成（3.2.3 节）。为了分析不同进程之间的相互影响，该步骤基于程序结构图，进一步将性能数据和进程间通信信息关联至图中，最终生成程序性能图。

（2）可扩展性瓶颈检测模块

①性能问题顶点检测（3.3.1 节）。根据程序性能图的结构特点，ScalAna 设计了一种检测方法以检测所有存在性能问题的顶点，包括可扩展性和均衡性不佳的顶点。

②反向追踪根因分析（3.3.2 节）。本书提出了反向追踪算法，在程序性能图上搜索涵盖所有性能问题顶点的路径，从而定位可扩展性问题的根本原因。

3.2　图的生成

本节介绍如何自动地建立程序结构图和程序性能图，以反映并行应用的主要计算和通信特性。本书基于静态分析模块构建程序结构图，并结合动态分析模块处理输入相关等静态不确定信息，最终构建程序性能图。

3.2.1　静态分析

静态分析的主要目标是建立每个进程的程序结构图，该图可以描绘并行程序的执行流程。在一个程序结构图中，顶点代表主要的计算、通信代码片段和控制结构；边代表这些代码片段在数据流和控制流上的执行顺序。本书将顶点分为不同的类别，包括循环（loop）、分支（branch）、函数（function）、调用（call）和计算（computation），其中计算顶点为计算和访存指令的集合，其他类型均为基本的程序结构。

静态分析主要分为三个步骤，分别是过程内分析、过程间分析和图压缩。首先，过程内分析为每个函数分别建立函数结构图。其次，过程间分析将各个函数的函数结构图合并为一个初步的程序结构图。最后，图压缩技术将程序结构图进行精简，去除无效和低效的顶点或边。

1. 过程内分析

在过程内分析中，ScalAna 为每一个函数分别建立对应的函数结构图。过程内分析的基本思路是通过遍历函数的控制流图（control flow graph，CFG）识别循环、分支、函数、调用等基本程序结构，并用边连接这些基本程序结构，以表示它们之间的依赖关系。

具体地，过程内分析在 LLVM 编译器生成的 LLVM IR（中间表达，intermediate representation）上进行分析。LLVM IR 由基本块（basicblock）组成，并将每个循环或分支的基本块集合称为一个区域（region）。图 3.4 给出了一个 LLVM IR 上控制流图的具体示例。LLVM

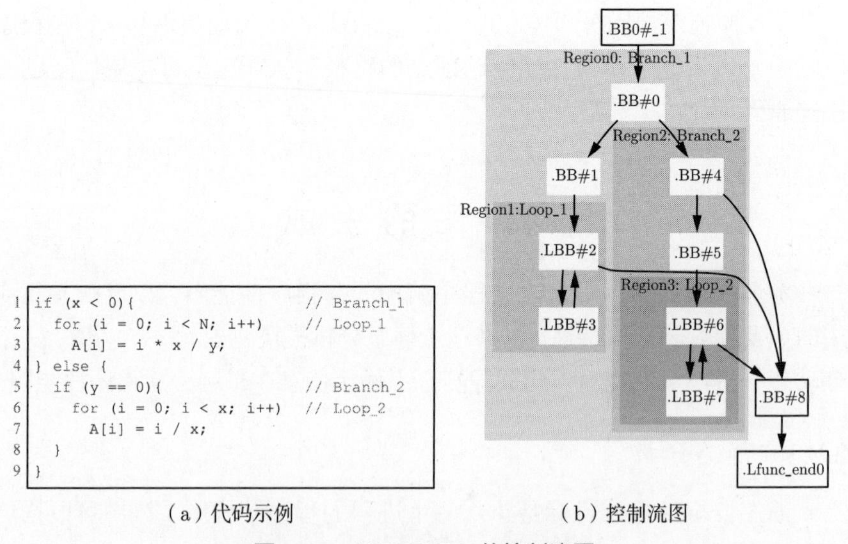

（a）代码示例　　　　（b）控制流图

图 3.4　LLVM IR 的控制流图

编译器对图 3.4（a）中的代码进行翻译，生成 LLVM IR，该 IR 上的控制流图如图 3.4（b）所示。LLVM IR 特别地对循环及分支进行了识别，将它们标识为区域。分支 Branch_1 和 Branch_2 分别被识别为 Region 0 和 Region 2，循环 Loop_1 和 Loop_2 被识别为 Region 1 和 Region 3。

过程内分析基于 LLVM IR 上的控制流图和标识的结构信息对程序结构进行提取，并构建对应函数的函数结构图。算法 3.1 给出过程内分析算法的伪代码。该算法通过分析中间表达上的区域以提取循环分支结构，并分别对分支结构的每条分支路径和循环结构的循环体进行展开分析。同时，该算法分析每个基本块中的每条指令以识别函数调用，并将函数调用区分为普通函数调用、通信函数调用和间接函数调用。

算法 3.1 过程内分析算法

输入: 一个函数的控制流图 $\mathbb{CFG}$（控制流图的顶点代表基本块）
输出: 一个函数的函数结构图 $\mathbb{FSG}$

```
1  Function handleFunction(f):
2      FSG ← ∅ ;
3      在 FSG 中加入函数顶点 f 作为根节点 ;
4      region ← CFG 中最外层的区域 ;
5      handleRegion(region, f) ;
6  Function handleRegion(region, v):
7      if region 是一个分支 then
8          handleBranch(region, v) ;
9      else if region 是一个循环 then
10         handleLoop(region, v) ;
11     else  handleBasicBlock(region, v) ;
12 Function handleBranch(region, v):
13     在 FSG 中加入分支顶点 b 和一条有向边 (v, b) ;
14     S ← 分支的所有路径 ;
15     forall 路径 successor ∈ S do
16         在 FSG 中加入分支路径顶点 s 和一条有向边 (b, s) ;
17         sub_region ← successor 中最外层的区域 ;
18         handleRegion(sub_region, s) ;
19         handleBasicBlock(region, s) ;
20 Function handleLoop(region, v):
21     在 FSG 中加入循环顶点 l 和一条有向边 (v, l) ;
22     sub_region ← 循环的循环体中最外层的区域 ;
23     handleRegion(sub_region, l) ;
24     handleBasicBlock(region, l) ;
```

```
25 Function handleBasicBlock(region, v):
26     sub_region ← region 中最外层的区域 ;
27     forall 基本块 bb ∈ region 且 bb ∉ sub_region do
28         forall 指令 inst ∈ bb do
29             if inst 是一条函数调用指令 then
30                 if 被调用函数是 MPI 函数 then
31                     在 FSG 中加入通信调用顶点 m 和一条有向边 (v, m) ;
32                 else if 被调用函数是未知的 then
33                     在 FSG 中加入间接调用顶点 i 和一条有向边 (v, i) ;
34                 else 在 FSG 中加入调用顶点 c 和一条有向边 (v, c) ;
35     handleRegion(sub_region, v);
```

2. 过程间分析

过程间分析合并每个函数的函数结构图，生成一个初步的程序结构图。首先，通过分析程序的函数调用关系图，得到不同函数之间的函数调用关系。其次，对函数结构图进行前序遍历，当访问至调用类型的顶点时，过程间分析依据调用类型采取不同策略进行处理，以最大化程序结构图的计算通信特性表达能力。对于用户定义函数调用类型顶点，过程间分析依据函数调用关系查找被调用函数，并将该调用顶点替换为被调用函数的程序结构图。过程间分析标记并保留所有 MPI 通信调用类型顶点。递归调用类型顶点的边和函数调用关系图中的边相似，该类顶点的边在程序结构图中形成环。对于间接调用类型顶点，静态分析中无法获取其函数调用信息。因此，过程间分析对该类顶点进行标记，待运行时收集函数调用关系后，再进行进一步处理。对于其他类型的调用顶点，过程间分析不进行任何处理。算法 3.2 给出了过程间分析的算法伪代码。

3. 图压缩

上述步骤为程序中所有的循环和分支都分别创建相应的顶点。真实应用的代码量非常庞大，其程序结构也非常复杂且臃肿。真实应用的程序结构图通常太大而无法高效地进行后续可扩展性分析。通过观测真实应用的程序结构图，本书发现一些顶点的负载低至可以忽略不计，收集这些顶点的性能数据只会带来巨大的开销，而对后续分析的作用极其微小。因此，图压缩技术通过一些特殊规则对程序结构图进行剪枝及顶点合并，以减小程序结构图的规模，并同时保留程序结构图的计算和通信特性。

算法 3.2　过程间分析算法

```
输入: 每个函数 f 的函数结构图 FSG(f)
输入: 程序函数调用关系图 PCG
输出: 程序结构图 PSG
1  Function main():
       // 从 main 函数开始进行过程间分析
2      interProcedural (FSG(main)) ;
3      PSG ← FSG(main) ;
4      return PSG ;
5  Function interProcedural(PSG):
       // 避免冗余的过程间分析和递归调用引发的死循环
6      if PSG 已进行过程间分析 then
7          return ;
8      标记 PSG 已进行过程间分析 ;
       // 遍历 PSG 中每一个函数调用顶点
9      forall 顶点 v ∈ PSG 的前序遍历集合 do
10         if 顶点 v 为（用户定义函数）调用顶点 then
11             addr ← 顶点 v 的调用指令地址 ;
12             f ← PCG 中调用指令地址 addr 对应的被调用函数 ;
13             interProcedural (FSG(f)) ;
14             以 FSG(f) 替换顶点 v ;
15     return ;
```

图压缩的规则直接影响到图的粒度以及通信和计算特性的表示。考虑到通信是并行程序的主要可扩展性瓶颈，图压缩技术保留所有 MPI 函数调用和相关的控制结构。循环的迭代式执行所产生的计算极可能主导程序性能。因此，为了保留程序结构图中的计算特性，图压缩技术仅保留循环结构。此外，ScalAna 允许用户定义参数 MaxLoopDepth，该参数的作用是限制嵌套循环的深度。而对于程序结构图中的计算顶点，连续的低负载顶点被合并为一个顶点。

4. 程序结构图示例

本书以图 3.5 中的 MPI 程序为例，演示过程内分析、过程间分析和图压缩技术的分析结果。图 3.5 的 MPI 示例程序包含两个函数，分别为 main 函数和 foo 函数。其中，main 函数中包含两层嵌套循环和一个 MPI_Bcast 广播操作，foo 函数中有一个分支结构，分支内容分别是点对点通信的发送（MPI_Send）和接收（MPI_Recv）操作。图 3.6 展示了程序结构图的构建过程。图 3.6（a）中展示了过程内分析的结果。过程内分析为 main 函数和 foo 函数分别建立函数结构图。过程间分析以 foo 函数的函数结构图替换 main 函数中相应的调用顶点，形成的程序结构图如图 3.6（b）所示。当 MaxLoopDepth 被设置为 1 时，图压缩技术将嵌套循环中的顶点合并为计算顶点，图 3.6（c）展示了压缩后的程序结构图。

```
 1 int main(){
 2   for (int i = 0; i < N; i++) {  // Loop_1
 3     A[i] = rand();
 4     for (int j = 0; j < i; j++)  // Loop_1.1
 5       sum += A[j];
 6     for (int k = 0; k < i; k++)  // Loop_1.2
 7       product *= A[k];
 8     foo();
 9     MPI_Bcast(...);
10   }
11 }
12 void foo() {
13   if (myRank % 2 == 0)           // Branch
14     MPI_Send(...);
15   else
16     MPI_Recv(...);
17 }
```

图 3.5　MPI 示例程序

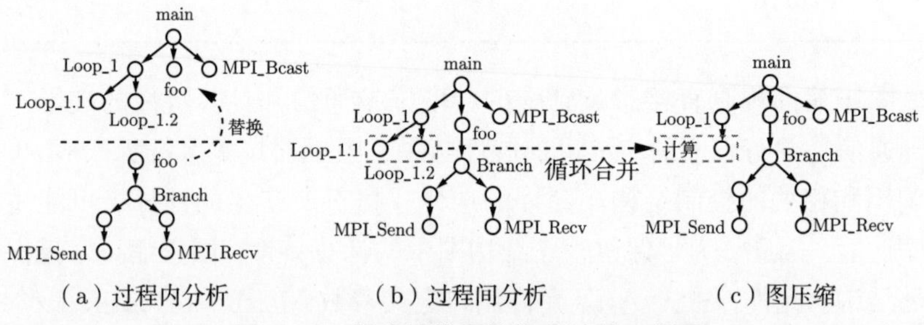

（a）过程内分析　（b）过程间分析　（c）图压缩

图 3.6　程序结构图的构建过程示意图

3.2.2　动态分析

本节介绍动态分析如何利用静态信息有效地降低动态分析的开销。动态分析模块基于静态分析生成的程序结构图，进一步构建程序性能图。具体地，动态分析模块包含三项分析，分别是性能数据采集、间接调用分析和进程间通信依赖分析。性能数据采集收集程序运行时的硬件性能监控单元数据，并作为性能属性关联至程序结构图的顶点中。间接调用分析在运行时提取静态无法获取的函数调用关系，使得程序结构图更加完整。进程间通信依赖分析收集通信模式等信息，并依据通信关系连接每个进程的程序结构图。

1. 性能数据采集

ScalAna 运用采样技术[53] 实现程序性能数据的低开销采集，然后将性能数据关联至程序结构图中的对应顶点，该模块对后续可扩展性瓶颈检测非常重要。相比于粗粒度的采样技术，该方法的最大优势是以采样技术的低开销达到细粒度的性能数据。具体原因为，在 ScalAna 中，性能数据的粒度完全取决于程序结构图的粒度。本书提出的程序结构图以循环为最细粒度，因而可以实现循环粒度的程序概要数据。此方法同样适用于更细粒度，如指令粒度。每个顶点的性能数据包括关键的硬件性能指标，如缓存丢失率、分支预测成功率和执行指令数等。

具体地，该模块采用 PAPI[51] 工具实现采样技术。采样技术的核心思路是，间隔固定的性能事件周期中断程序，并抓取程序的快照信息，包括硬件性能监控单元数据和函数调用栈信息。性能数据通过函数调用栈信息关联至程序结构图的顶点上。算法 3.3 给出了数据关联算法，具体关联方法如下：

步骤①：将 main 函数顶点设置为搜索的起始顶点。

步骤②：在起始顶点的孩子顶点中搜索地址空间包含函数调用栈中底部地址的顶点。

步骤③：如果搜索到的顶点不是函数顶点，则直接执行步骤④；如果搜索到的顶点是函数顶点，则从函数调用栈中移除底部地址，然后执行步骤④；如果移除后的函数调用栈为空，则结束搜索。

步骤④：将搜索到的顶点重新设置为搜索起始顶点，然后执行步骤②。

为了进一步理解数据关联算法，图 3.7 展示了一个数据关联的示例。其中图 3.7（a）是一个函数调用栈，图 3.7（b）是该函数调用栈在程序结构图上进行数据关联时的搜索路径。搜索起点为 main 函数顶点，函数调用栈底部的指令地址为 0x4085ed。该地址位于 main 函数的地址空间内，则继续从 main 函数顶点搜索下一个地址 0x45c36e。该地址位于 main 函数顶点的孩子顶点 Loop_1 的地址空间内，因而继续从 Loop_1 顶点开始搜索。搜索结果显示该地址位于 Loop_1 顶点的孩子顶点 foo 函数的地址空间内，则从 foo 函数顶点开始搜索下一个地址 0x4583bc。最后定位至该函数调用栈指向 pthread_create 函数顶点，该函数调用栈对应的性能数据也被关联至该顶点中。

算法 3.3 数据关联算法

```
   输入: 程序结构图 PSG
   输入: 性能数据 data 及对应的函数调用栈 call_stack
 1 Function main():
 2     v ← PSG 的根节点；
 3     addr ← call_stack 的底部地址；
 4     v ← QueryWithCallStack (addr, v)；
 5     将 data 存储为 v 的属性值；
 6 Function queryWithCallStack(addr, v):
 7     ℂ ← 顶点 v 的所有孩子顶点；
 8     forall child ∈ ℂ do
 9         if addr 在 child 的地址空间范围内 then
10             if child 是函数顶点 then
11                 弹出 call_stack 的底部地址；
12                 addr ← call_stack 的底部地址；
13                 return QueryWithCallStack (addr, child)；
14             else
15                 return QueryWithCallStack (addr, child)；
```

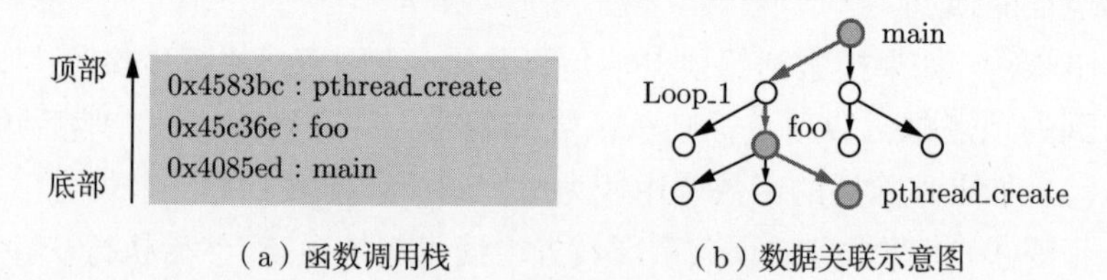

（a）函数调用栈　　（b）数据关联示意图

图 3.7　数据关联的示例

2. 间接调用分析

真实应用程序中包含大量函数指针等间接调用，该类调用主要用于处理输入相关的场景，其函数调用关系无法在静态时获取。间接调用分析在运行时分析该类调用的函数调用关系。

如图 3.8（a）所示，一种常见的方法是在间接调用指令的前后以及各个函数的入口进行插桩（称为插桩方法）。在程序运行时，对于图 3.8（a）中的代码示例，首先执行间接调用之前的插桩指令，然后执行被调用函数入口处的插桩指令，最后执行间接调用后的插桩指令，形成图 3.8（b）中记录日志的第 6 ～ 8 行。通过对记录日志的分析，即可获取间接调用的函数调用关系。在图 3.8（a）的示例中，分析结果表明第 7 行的间接调用所调用的函数为 foo 函数。

```
 1 int main() {
 2   void (* p) = &foo;
 3   ...
 4   for (int i = 0; i < 5; i++)
 5     bar(a + i, b + i);
 6   printf("#BEFORE");    //调用前插桩
 7   p(a, b);              //间接调用
 8   printf("#AFTER");     //调用后插桩
 9   ...
10 }
11 void foo(a, b){
12   printf("ENTRY foo"); //foo函数入口插桩
13   ...
14 }
15 void bar(a, b){
16   printf("ENTRY bar"); //bar函数入口插桩
17   ...
18 }
```

（a）代码插桩示例

```
1 ENTRY bar
2 ENTRY bar
3 ENTRY bar
4 ENTRY bar
5 ENTRY bar
6 #BEFORE
7 ENTRY foo
8 #AFTER
```

（b）记录日志

图 3.8　基于插桩的间接调用分析示意图

然而，由于函数是否被间接调用指令所调用是无法在静态得知的，此插桩方法需要对所有函数的入口进行插桩，这意味着该方法将产生大量无意义的插桩和记录。例如，图 3.8（b）中的第 1 ～ 7 行是每次执行 bar 函数时插桩指令输出的记录日志。在此场景中，这些日志信息对于分析间接调用是无意义的。在真实应用场景下，插桩方法将会产生更多该类冗余记录日志，引入极高且不必要的开销。因此，本书采用函数调用栈分析间接调用的函数调用关系。函数调用栈中隐含了间接调用指令和被调用函数的关系。具体体现为，在函数调用栈中，对于某个间接调用地址，其上层的指令地址必然在被调用函数的地址空间范围内。函数调用栈信息由动态性能数据采样时获取（3.2.2 节），结合静态分析获取的函数地址空间范围，即可实现间接调用分析。图 3.9（a）展示了各函数的地址空

间及间接调用指令的地址。其中，main 函数的地址空间为 0x4007a7 至 0x4007f4，foo 函数的地址空间为 0x4007f5 至 0x400848，bar 函数的地址空间为 0x400849 至 0x40089c。图 3.9（b）给出了一个函数调用栈，该函数调用栈中存在 main 函数内间接调用指令的地址 0x4007ec，该地址的上层地址为 0x40082f。0x40082f 是被调用函数中的某条指令地址。经分析，该地址在 foo 函数的地址空间内（$0x40082f \in [0x4007f5, 0x400848]$）。由此判断，main 函数内的间接调用在运行时调用的函数为 foo 函数。通过此方法，SCALANA 低开销地采集间接调用的函数调用关系。根据间接调用的函数调用关系，可进一步通过过程间分析（3.2.1 节）将间接调用顶点替换为被调用函数的函数结构图。

```
1  0x4007a7  int main() {
2              void (* p) = &foo;
3              ...
4              for (int i = 0; i < 15; i++)
5                bar(a + i, b + i);
6  0x4007ec    p(a, b);          //间接调用
7              ...
8  0x4007f4  }
9  0x4007f5  void foo(a, b){
10             ...
11 0x400848  }
12 0x400849  void bar(a, b){
13             ...
14 0x40089c  }
```

（a）示例代码和地址空间

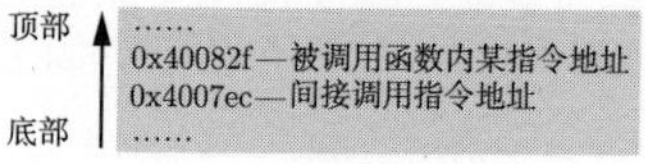

顶部 ↑ ……
0x40082f—被调用函数内某指令地址
0x4007ec—间接调用指令地址
底部 ……

（b）函数调用栈

图 3.9 基于函数调用栈的间接调用分析示意图

3. 进程间通信依赖分析

静态分析模块获取了进程内的数据和控制依赖信息，建立了每个进程的程序结构图。通信依赖分析模块进一步在运行时获取进程间通信依赖关系。通信依赖连接每个进程的程序结构图，最终形成并行程序所有进程的程序性能图。传统的基于事件轨迹的方法在运行时完整地记录每一次通信操作的相关信息，包括通信类型、时间、通信对象、通信域等。完整的通信事件轨迹引入了巨大的运行时和存储开销[26]。本书提出了两项关键技术解决高昂的开销问题，分别是基于采样的插桩技术和静态分析指导的通信轨迹压缩技术。

（1）基于采样的插桩技术。常见的插桩技术是在特定位置插入一个代码片段，并在运行时反复地执行该代码片段。例如，图 3.10（a）展示

了一个完整插桩的代码示例，该示例在每一次执行 MPI_Send 函数时都执行插桩函数。如图 3.10（b）所示，完整插桩记录了每一次插桩的日志。因此，它通常会引入高昂的运行时开销。

```
1 int MPI_Send(...){
2   ret = PMPI_Send(...);
3   record(...);          // 插桩函数
4   return ret;
5 }
```

（a）完整插桩代码示例

```
1 LOG:            // 1000 条
2 src dest tag
3 0   1    1
4 0   1    1
5 0   2    2
6 ...
7 0   1    1
8 0   2    2
9 ...
```

(b) 记录日志

图 3.10　完整插桩示意图

一种简单的降低开销策略是对于一个插桩点，仅在首次执行时进行一次记录。例如，图 3.11（a）展示了一个首次执行插桩的示例。该示例仅在首次执行该函数时进行插桩，因而仅记录了一条日志。然而，该方法会导致程序的动态行为被遗失。例如，当程序在运行过程中通信域发生变化时，该方法无法捕捉到变化后的通信信息。如图 3.10（b）所示，完整插桩的日志中记录了两种通信模式（⟨0，1，1⟩ 和 ⟨0，2，2⟩），而图 3.11（b）中首次插桩方法仅采集了一种通信模式（⟨0，1，1⟩）。

```
1 int MPI_Send(...){
2   ret = PMPI_Send(...);
3   if (!flag){      // 仅首次执行插桩函数
4     flag = true;
5     record(...);   // 插桩函数
6   }
7   return ret;
8 }
```

（a）首次执行插桩代码示例

```
1 LOG:            // 1 条
2 src dest tag
3 0   1    1
```

（b）记录日志

图 3.11　首次执行插桩示意图

为了在降低运行时开销的同时尽量记录程序运行时的动态行为，本书采用了基于随机采样的插桩技术。具体地，在每次执行插桩函数时，首先生成一个随机数，如果随机数落在某个区间内，则进行插桩函数的后续内容，若随机数未落在该区间内，则不执行插桩函数，继续执行原程序。图 3.12 展示了一个基于随机采样的插桩示例。如图 3.12（b）所示，基于随机采样的插桩技术在减少插桩函数执行次数的同时，尽可能地记录所有的通信模式。此外，运用随机采样技术可以尽可能采集规律性变化的通信模式下的通信信息。

```
1 int MPI_Send(...){
2   ret = PMPI_Send(...);
3   r = rand() % 1000; // 基于随机采样的插桩
4   if (0 < r < 11)
5     record(...);      // 插桩函数
6   return ret;
7 }
```

（a）基于随机采样的插桩代码示例

```
1 LOG:            // 约10条
2 src dest tag
3 0   1    1
4 0   2    2
5 0   1    1
6 ...
```

（b）记录日志

图 3.12　基于随机采样的插桩示例示意图

（2）程序结构指导的通信轨迹压缩技术。一个真实并行应用通常有大量的通信操作。由于程序迭代步内的通信操作通常在迭代步之间展现出相似性，因此完整的通信日志存在极大的冗余性。本书通过静态分析获取的程序结构避免冗余的通信日志记录。具体地，程序结构图中包含程序的通信结构，本书利用该结构信息减少通信日志的记录。对于调用上下文相同且具有重复性的通信操作，如果它们的通信参数相同，则仅需在程序结构图的对应位置记录一次通信日志，从而降低存储成本，并减少冗余的进程间通信依赖分析。

本书使用 PMPI[123] 实现高效的通信数据采集。该方法使用动态插桩技术，无需对源程序进行修改。对于不同的通信操作，需使用不同的方法采集通信依赖。本书将常见的通信操作总结为三个类型，分别是阻塞点对点通信、非阻塞点对点通信和集合通信。

1）阻塞点对点通信。对于该类型通信，本书用其采集消息类型、消息大小、标签、来源进程和目标进程。对于 MPI 程序，可直接通过截获函数的输入参数 datatype、count、tag、source 和 dest 获取对应信息。

2）非阻塞点对点通信。对于该类型通信，需采集的信息和阻塞点对点通信一致，但部分信息在检查函数（如 MPI 程序中的 MPI_Wait 函数）被调用时才能获取。本书以图 3.13 中的 MPI_Irecv 函数和 MPI_Wait 函数为例展示非阻塞点对点通信的通信依赖分析。首先，在 MPI_Irecv 函数中记录请求（request）对应的来源进程（source）和标签（tag）。具体地，以请求作为键，以来源进程和标签组成的二元组作为值，将形成的键值对存储在 map 中。然后，在 MPI_Wait 函数中，根据请求（键）在

map 中查询对应的来源进程和标签（值）。如果来源进程和标签是不确定的，则需要从 MPI_Wait 函数参数提供的状态（status）中获取来源进程和标签。

3）集合通信。对于该类型通信，本书采集消息类型、消息大小、标签和通信域信息，其中通信域指的是参与此次通信的进程的集合。对于 MPI 程序，可通过MPI_Comm_get_info获取通信域信息。

```
1  map <MPI_Request*, pair< int,int>> requestConverter;
2  int MPI_Irecv(..., int source, int tag, ..., MPI_Request *request){
3    requestConverter[request] = <source,tag>;
4    return PMPI_Irecv(...);
5  }
6  int MPI_Wait(MPI_Request *request, MPI_Status *status) {
7      retval = PMPI_Wait(request, status);
8      <source,tag> = requestConverter[request];
9      if (source or tag is uncertain) {
10         commSet.insert(<status.MPI_SOURCE,status.MPI_TAG>);
11     } else {
12         commSet.insert(<source, tag>);
13     }
14     return retval;
15 }
```

图 3.13　非阻塞点对点通信的通信依赖分析

3.2.3　程序性能图的生成

本书通过具体示例展示动态分析模块如何基于静态分析生成的程序结构图进一步构建程序性能图。首先，间接调用分析将静态分析生成的程序结构图进一步完善，补充动态获取的结构信息，从而生成单个进程的完整程序结构图。其次，性能数据关联技术将关键性能数据作为属性存储至程序结构图中的顶点。大规模并行程序通常采用单程序多数据（single program multiple data，SPMD）的编程模型，每个进程共享相同的源代码，这意味着每个进程的程序结构图相同。ScalAna 为每个进程分别生成一个进程内执行流，该执行流通过前序遍历程序结构图获得。对于分支结构，为每条分支路径建立一个执行流。每个进程的执行流中仅存储对应进程的性能数据。再次，使用进程间通信依赖边将每个进程的执行流连接起来。对于点对点通信，本书匹配发送和接收进程并用通信依赖边连接。对于集合通信，本书将通信域内所有相关进程以通信依赖边连接起来。本书给出一个程序性能图的生成示例。对于图 3.14（a）中的代码示例，ScalAna 首先通过静态分析生成其程序结构图。然后通过前序遍历程序结构图生成进程内执行流，同时将性能数据关联至对应顶点中，执行流如图 3.14（b）所示。最后，通过进程间通信依赖边将各进程的执行流连接起来，形成图 3.14（c）中的程序性能图。

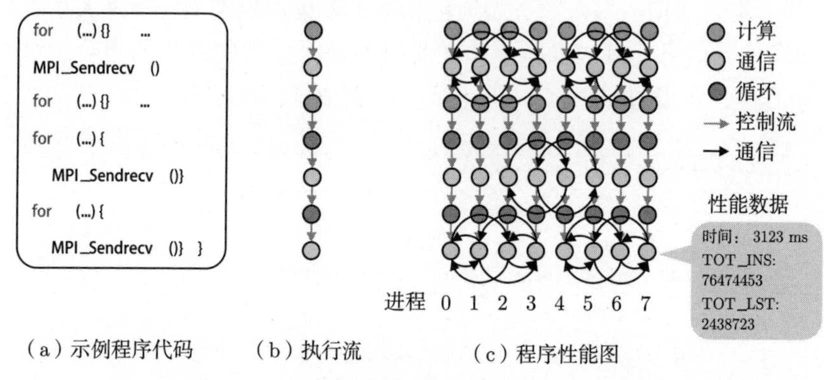

图 3.14 程序性能图生成示意图（见文前彩图）

最终生成的程序性能图包括每个进程内的数据和控制依赖以及进程间通信依赖。顶点存储的关键性能数据将用于下一模块中的可扩展性瓶颈检测。对于该图中的某个顶点，其性能受其自身的计算模式影响。此外，其他顶点的性能也会通过进程内数据和控制依赖以及进程间通信依赖传播，影响该顶点的性能。本书将在可扩展瓶颈检测模块中描述如何定位可扩展性问题的根本原因。

3.3 可扩展性瓶颈检测

本节介绍如何在程序性能图上进行自动且高效的可扩展性瓶颈检测。本书提出的可扩展性瓶颈检测方法分为两个关键步骤，分别是性能问题顶点检测和反向追踪根因分析。性能问题顶点检测步骤在程序中识别并标记存在可扩展性问题和不均衡的顶点。反向追踪根因分析运用基于图的反向追踪算法在性能问题顶点中定位根本原因。

3.3.1 性能问题顶点检测

本书通过静动态分析技术构建了程序性能图，该图是性能问题顶点检测的基础。程序性能图中包含了每个进程的程序结构图，所有代码片段在各个进程的程序结构图中均存在对应的顶点，这意味着程序性能图支持进程间分析。此外，虽然进程间通信依赖可能随进程数的变化而变化，但单进程的程序结构图不会随问题规模或进程规模的变化而变化，该特性意味着程序性能图也支持进程规模维度上的性能分析。基于以上两点观察，本书提出了一种检测方法来识别性能问题顶点。该方法的核心思想是比较程序性能图中相同代码片段对应的顶点在不同进程规模（不可扩展顶点检测）和固定进程规模下不同进程中（不均衡顶点检测）的关键性能数据。

（1）不可扩展顶点检测。该检测方法的核心思想是在程序性能图中查找一类具有特定性质的顶点，具体表现为，当进程规模增大时，其性能（执行时间或其他性能指标）变化曲线与其他顶点相比展示出异常的趋势。例如，图 3.15（a）展示了随着进程规模的增大，程序中不同代码片段对应顶点执行时间的变化情况。被框出顶点的执行时间变化趋势相较于其他顶点存在显著不同，因此其对应的顶点被识别为不可扩展顶点。

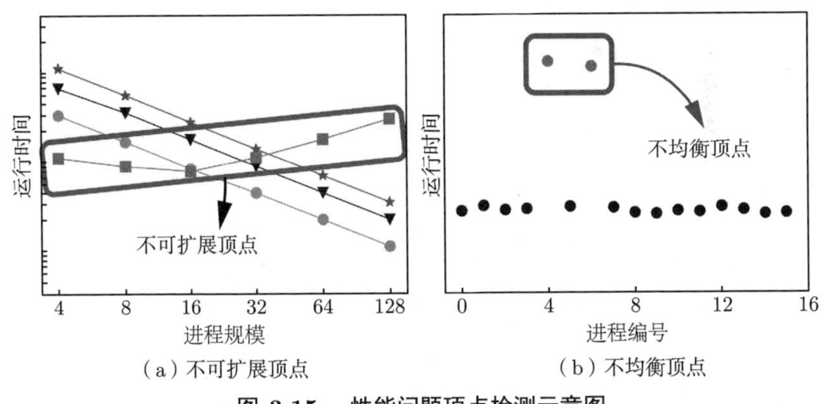

（a）不可扩展顶点　　（b）不均衡顶点

图 3.15　性能问题顶点检测示意图

不可扩展顶点检测是在进程规模维度的分析，它需要将不同进程规模下的性能数据均表示为相同形状的数据，才可进行后续分析。例如，每个进程都有一份性能数据，4 进程规模时的性能数据宽度为 4，8 进程规模时的宽度为 8，两者数据宽度不同，无法进行直接比较。因此，如何将所有进程的性能数据合并为相同形状的数据，是不可扩展顶点检测的一项挑战。最简单的策略是使用特定进程（如 0 号进程）的性能数据代表整体性能数据，但此策略可能会丢失其他进程的一些信息。另一种策略是使用所有进程的统计值代表整体性能数据以反映负载情况，例如平均值、众数、中位数和方差等。此外，可以通过聚类算法将所有进程划分为不同的组，然后对每个组的性能进行统计。ScalAna 测试了上述所有策略，并使用 log-log 模型[95] 对每个顶点拟合整体性能与进程规模的数学关系。本书依据拟合曲线的变化率对所有顶点进行排序，并将排名靠前的顶点标识为潜在的不可扩展顶点。

（2）不均衡顶点检测。对于固定的问题大小和进程规模，ScalAna 会比较同一代码片段不同进程之间的性能数据。对于典型的单程序多数据程序，相同代码片段在不同进程中执行的工作负载通常相同。如果某个顶点的执行时间明显不同于其他顶点，则将该顶点标记为潜在的不均衡顶点。在复杂的高性能集群上，即使不考虑性能抖动的影响[28]，也存在许多原因会导致不均衡顶点的出现。例如，计算负载不均衡可能会导致某些进程中出现不均衡顶点，通信的同步等待也会导致不均衡顶点。图 3.15（b）展示了一个代码片段在不同进程中的执行时间。被框出的顶点对应进程的执行时间显著地高于其余顶点对应进程的时间，因此其被检测为不均衡顶点。ScalAna 允许用户定义参数 ImbThd 以筛选不同进程间的不均衡顶点。该参数的具体含义是，筛选超过所有进程性能数据中位数 ImbThd 倍的顶点。

3.3.2 反向追踪根因分析

通过上述分析，程序性能图中存在性能问题的顶点已被识别并标记。反向追踪根因分析针对已识别的性能问题顶点进行关联性分析，找到它们之间的因果关系，即可定位可扩展性问题的根本原因。本书创新地提出了一种基于图的反向追踪算法以自动定位程序可扩展性瓶颈，并报告其在程序中的具体位置。

反向追踪根因算法的伪代码如算法 3.4 所示。该算法从 3.3.1 节中检测到的不可扩展顶点开始，通过进程内数据和控制依赖边以及进程间通信依赖边进行反向追踪，直到访问至根顶点或集合通信顶点时停止搜索。如果在反向追踪过程中访问至通信顶点，则该算法只遍历进程间通信依赖边，不遍历数据和控制依赖边。如果访问至未被访问的循环或分支顶点，则该算法只遍历控制依赖边，不遍历数据依赖边。例如，当访问至未被访问的循环顶点时，该算法选择从循环的控制依赖边（该边从循环末尾顶点指向循环开始顶点）进行反向追踪，这意味着遍历将从此循环末尾顶点继续进行。

算法 3.4　反向追踪算法

输入: 程序性能图 PPG, 不可扩展顶点集合 $\mathbb{N}$, 不均衡顶点集合 $\mathbb{I}$.

输出: 反向追踪路径 $\mathbb{S}$.

```
1  Function Main():
2      S ← ∅ ;
3      V ← ∅ ; // 已被访问的顶点集合
       // 遍历所有不可扩展顶点
4      forall v ∈ N do
5          P ← ∅ ; // 反向追踪路径
6          Backtracking ( v, P ) ;
7          将 P 加入 S 中 ;
8          将 P 中所有顶点加入 V 中 ;
       // 遍历所有未被访问的不均衡顶点
9      forall v ∈ I 且 v ∉ V do
10         P ← ∅ ;
11         Backtracking ( v, P ) ;
12         将 P 加入 S 中 ;
13     return S ;
14 Function Backtracking(v,P):
15     while v 不是根顶点或集合通信顶点 do
16         将 v 加入 P 中 ;
17         if v 是通信顶点 then
18             v ← 顶点 v 的进程间通信依赖边的源顶点 src ;
19         else if v 是未被访问的循环或分支顶点 then
20             v ← 顶点 v 的进程内控制依赖边的源顶点 src ;
21         else
22             v ← 顶点 v 的进程内数据依赖边的源顶点 src ;
```

此外，一个复杂的并行程序通常包含大量的进程间通信依赖，如果遍历所有的通信依赖，该算法的搜索成本将会非常高昂。经观察发现，反向追踪过程并不需要遍历所有可能的通信依赖边，而仅需要遍历存在进程间等待事件的依赖边。因此，该算法在执行前对程序性能图中的通信依赖边进行筛选，仅保留存在等待事件的通信边。该筛选策略不仅可以有效地缩减搜索空间，还可以降低误报率。

通过以上方法，反向追踪算法可以识别出若干连接性能问题顶点的反向追踪路径。这些追踪路径交汇处的顶点被认为是潜在的可扩展性问题根因。开发人员可进一步分析潜在根本原因的关键性能数据，对其性能问题类别进行诊断，从而指导程序性能优化。

本书进一步通过图 3.16 中的具体示例描述反向追踪根因算法的分析过程。首先，从左下角的异常顶点 a 开始，通过进程间通信依赖边追踪到进程 2 中的顶点 b；然后，继续通过进程内数据依赖边追踪到进程 2 中的顶点 c；反复进行上述步骤后，形成了一条连接进程 0、2、4 中不均衡顶点的追踪路径。从其他不均衡顶点开始进行上述反向追踪分析，可以得到图 3.16 中的另外两条追踪路径。通过对这些路径交汇点的进一步分析，可以定位潜在的可扩展性瓶颈。

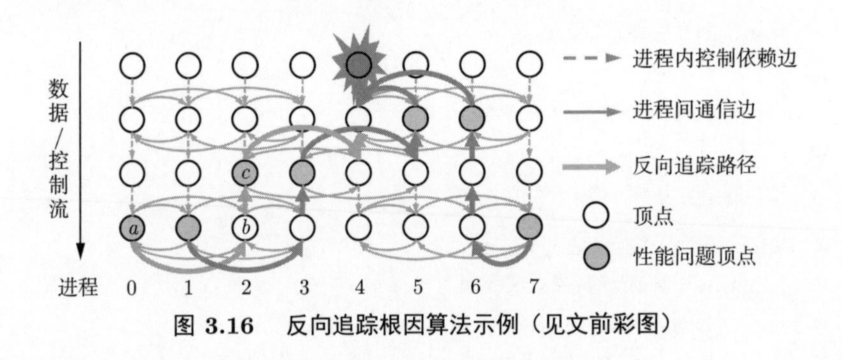

图 3.16 反向追踪根因算法示例（见文前彩图）

3.4 实现与使用方法

ScalAna 的静态分析模块采用 LLVM-3.3.0 和 Dragonegg-3.3.0[45] 进行程序结构的提取。动态分析模块使用 PAPI-5.4.3 工具[51] 采集硬件性能数据，并使用 PMPI 接口[123] 采集通信依赖关系。结合静态结构图和动态信息，ScalAna 生成最终的程序性能图，并在程序性能图上进行离线的可扩展性瓶颈检测。ScalAna 当前支持基于 MPI、OpenMP 和

Pthreads 的 C 或 Fortran 语言程序。

用户在使用 ScalAna 工具时需要执行以下四个步骤：

（1）在程序编译时使用 ScalAna-static 生成静态程序结构图。

（2）在程序运行时使用 ScalAna-prof 采集各进程的性能数据和通信依赖，并生成程序性能图。

（3）使用 ScalAna-detect 离线地检测可扩展性问题的根本原因。

（4）使用 ScalAna-viewer 对检测结果进行可视化输出。

图 3.17 展示了一张 ScalAna-viewer 的可视化输出界面截图。截图的上窗口列举了潜在的可扩展性问题根因顶点及其调用上下文信息，下窗口展示了顶点对应的代码片段。同时，可扩展性问题根因顶点可按照执行时间和均衡性等指标进行二次排序。

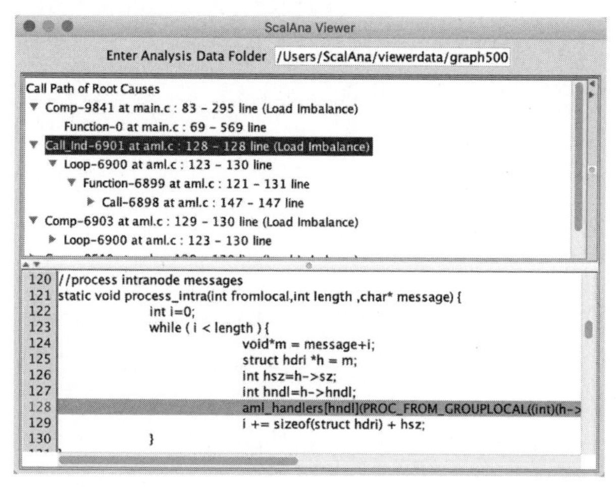

图 3.17　ScalAna-viewer 的可视化输出界面截图

3.5　实验结果

3.5.1　实验环境

（1）实验平台。本章在两个测试平台上进行实验：

1）Gorgon。一个 8 节点的小集群，每个节点配备 2 颗 12 核 Intel Xeon E5-2670(v3) 处理器（共计 24 核），主频为 3.1 GHz，内存为 128 GB，

通过 100 Gbps 的 IB 网连接。MPI 通信库采用 OpenMPI-3.0.0[124]。

2）天河二号。位于国家超算广州中心的超级计算机，共有 16000 节点，每个节点配备 2 颗 12 核 Intel Xeon E5-2692(v2) 处理器（共计 24 核），主频为 2.2 GHz，64 GB 内存，通过自研 TH Express-2 主干拓扑结构网络连接。

（2）测试程序。本章使用 8 个 NPB 程序[125]（BT、CG、SP、EP、FT、MG、LU 和 IS）和 3 个真实应用（Zeus-MP[126]、SST[105] 和 Nekbone[127]）来验证 ScalAna 的有效性和高效性。NPB 测试程序使用 3.3-MPI 版本，在 Gorgon 上使用 C 数据规模，在天河二号上使用 D 数据规模。

（3）实验方法。本章首先对各个测试程序对应的程序结构图进行分析，然后针对静态分析开销、运行时开销、存储开销和检测开销进行分析。在开销分析中，本书将 ScalAna 与两种最先进的性能工具 HPCToolkit[18] 和 Scalasca[21] 进行比较。为了确保比较的公平性，本书遵循两种工具的规定使用方法进行测试，其详细配置如下：

1）Scalasca（v2.5）是一个基于事件轨迹的性能分析工具。首先，使用其采样功能来确定需要详细跟踪的事件。其次，使用事件轨迹记录功能采集运行时事件轨迹。这种使用方法可以尽可能地降低 Scalasca 的运行时和存储开销。在使用 Scalasca 进行可扩展性瓶颈检测时，从小规模开始检测，逐渐增大规模，直到可扩展性瓶颈被定位为止。

2）HPCToolkit（v2019.08）是一个基于程序概要的性能分析工具。采样频率是影响该工具运行时开销的关键参数。ScalAna 在所有实验中保持与 HPCToolkit 相同的采样频率（200 Hz）。

此外，根据分析经验，对于所有实验的 MaxLoopDepth 设置为 10，ImbThd 设置为 1.3。所有实验运行三次取平均性能，以尽可能减小性能抖动带来的影响。

3.5.2 程序结构图分析

表 3.1 总结了目前所有测试程序生成的程序结构图和程序性能图的基本信息。表中的数据项包括代码量、压缩前顶点数（# 压缩前）、压缩后顶点数（# 压缩后）、循环顶点数（# 循环）、分支顶点数（# 分支）、计算顶点数（# 计算）和通信顶点数（# 通信）。在本章实验中，对于大

部分程序，程序结构图的顶点总数与源代码行数展现出正相关。图压缩技术平均减少 68%的顶点数。此外，计算和通信顶点占所有顶点的 73%以上，这表明程序结构图有能力良好地表示程序的计算和通信特性。

表 3.1　测试程序生成的程序结构图与程序性能图的基本信息

测试程序	代码量/千行	# 压缩前	# 压缩后	# 循环	# 分支	# 计算	# 通信
BT	9.3	974	377	39	57	176	103
CG	2.0	431	190	18	10	95	66
EP	0.6	91	32	4	2	13	12
FT	2.5	4285	241	15	22	118	35
MG	2.8	7842	1973	177	233	942	463
SP	5.1	734	278	13	34	138	89
LU	7.7	2370	663	18	66	327	237
IS	1.3	240	55	1	3	28	19
SST	40.8	23608	5217	321	641	1434	1303
Nekbone	31.8	1289	944	239	162	423	83
Zeus-MP	44.1	273715	64570	1677	1304	30099	11818

3.5.3　开销分析

本书在天河二号上使用 2048 进程对 ScalAna 的开销进行测试评估。天河二号的外部网络限制导致无法安装 Scalasca 和 HPCToolkit 工具，因此开销对比实验在 Gorgon 上进行，最多使用 128 进程。

（1）静态开销。首先对 ScalAna 静态分析引入的编译开销进行评估。如表 3.2 所示，与直接使用 LLVM 编译器的编译时间相比，ScalAna 仅引入非常低的编译开销（最小为 0.28%，最大为 3.01%，平均为 0.89%）。此外，静态分析的内存开销与程序结构图的大小成正比，程序结构图的每个顶点在 Gorgon 上占用 32 B 的内存。对于 Zeus-MP，静态分析的额外内存开销为 9 MB。

表 3.2　ScalAna 的静态分析开销

测试程序	BT	CG	EP	FT	MG	SP	LU	IS	SST	NEK	ZMP
开销/%	0.32	0.77	0.38	0.35	0.29	0.31	0.28	0.68	3.01	0.43	2.96

（2）运行时开销。图 3.18 展示了 Scalasca、HPCToolkit 和 ScalAna 的运行时开销。所有测试程序测试 4~128 进程规模的平均开销（BT 和 SP 测试 4~121 进程规模，它们对进程规模有特定要求）。所有工具的 I/O 时间不计入开销测试。图中灰色方柱代表 ScalAna 的开销，白色方柱和黑色方柱分别代表 Scalasca 和 HPCToolkit 的开销。在 Gorgon 上，ScalAna 仅引入非常低的开销（最小为 0.72%，最大为 9.73%，平均为 3.52%），远低于 Scalasca。在测试中，本书将 Scalasca 的日志缓冲区大小（SCOREP_TOTAL_MEMORY）配置得足够大，以避免在程序结束前进行内存性能数据刷新（I/O）。此外，在天河二号上使用 ScalAna 对 2048 进程规模的 NPB 测试集中 8 个程序进行测试，其平均运行时开销为 1.73%。

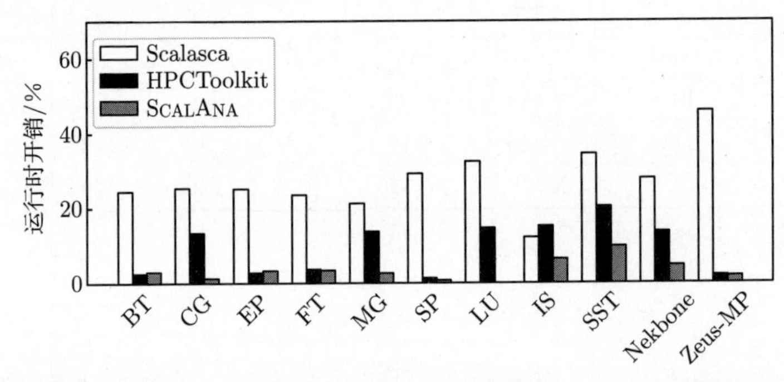

图 3.18 Scalasca、HPCToolkit 和 ScalAna 的运行时开销对比

（3）存储开销。图 3.19 展示了在 Gorgon 上以 128 进程规模测试所有程序时（BT 和 SP 使用 121 进程规模），ScalAna、HPCToolkit 和 Scalasca 的存储开销。ScalAna 只会产生千字节（kilobytes）的性能数据（存储开销），而 Scalasca 和 HPCToolkit 会产生兆字节（megabytes）到千兆字节（gigabytes）的性能数据。此外，本书在天河二号上使用 ScalAna 对 2048 进程规模的 8 个 NPB 测试程序进行测试，平均存储开销为 4.72 MB。

（4）检测开销。本书在 Gorgon 上测试可扩展性瓶颈检测的分析时间。本书在所有测试程序 128 进程规模时的程序性能图上，测试可扩展性瓶颈检测的时间。如表 3.3 所示，离线分析的执行时间远低于程序执行时间。最高分析时间为 11.81 s，为程序执行时间的 8.44%。此外，检测的内存开销与程序结构图和分析数据的大小成正比，128 进程规模的 Zeus-MP 的检测时内存开销大约为 50 MB。

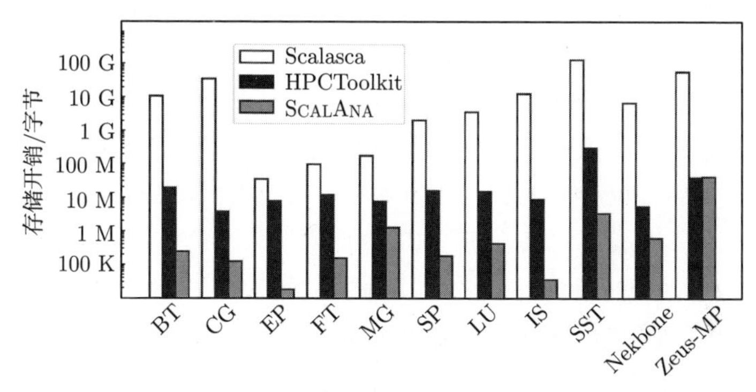

图 3.19　Scalasca、HPCToolkit 和 SCALANA 的存储开销对比

表 3.3　SCALANA 的可扩展性瓶颈检测开销

测试程序	BT	CG	EP	FT	MG	SP	LU	IS	SST	Nekbone	Zeus-MP
时间/s	3.26	1.74	0.29	2.20	1.80	2.40	6.06	0.50	9.54	8.63	11.81

3.5.4　应用案例

本节以 Zeus-MP[126]、SST[105] 和 Nekbone[127]3 个真实应用程序为案例，示范如何使用 SCALANA 进行可扩展性瓶颈检测。在潜在的可扩展性瓶颈被定位后，本书手动优化可扩展性瓶颈的代码片段，以提高应用程序的可扩展性。此外，本节将在案例分析中进一步描述 SCALANA 相对于 HPCToolkit 和 Scalasca 的优势。

1. Zeus-MP

Zeus-MP 是一个计算流体动力学程序，它使用 MPI 编程模型实现了三维空间中天体物理现象的模拟。该应用使用非阻塞点对点通信实现复杂的进程间同步。本章以 64×64×64 的问题规模运行 Zeus-MP，测试其在 4~128 进程规模下的性能。测试结果表明，Zeus-MP 在 64 进程规模时加速比为 35.40 倍，而在 128 进程规模时加速比仅为 55.53 倍（以 1 进程规模为基准），在 128 进程规模时存在明显的可扩展性下降。

（1）可扩展性瓶颈检测。首先，SCALANA 生成 Zeus-MP 在 128 进程规模时的程序性能图。其次，在图中识别并标记性能问题顶点。再次，运用反向追踪算法自动定位可扩展性问题的根本原因。在 128 进程规模时，Zeus-MP 的程序性能图上进行可扩展性瓶颈检测的示意过程如图 3.20 所示。图中展示的是一个粗略的程序性能图，纵轴自上而下表示控制、数据流方向，横轴表示不同的进程，一个位置（顶点）代表一个进程中一段代码片段。实心点表示性能正常的顶点，空心圆点表示检测到的性能问题顶点，加粗箭头表示在进程内和进程间依赖上的反向追踪路径。具体地，MPI_Allreduce（nudt.F 第 361 行）执行时间的可扩展性相对较差，被检测为不可扩展性顶点。如图 3.20 所示，深红色（最暗色）箭头从不可扩展顶点 MPI_Allreduce 开始进行反向追踪。深红色的反向追踪路径经过进程内的控制和数据依赖边以及非阻塞点对点通信（nudt.F 第 328 行、269 行和 227 行）的进程间通信依赖边。红色（浅色）和橙色（最浅色）箭头表示类似的反向追踪路径。最后，图 3.20 中最顶端一行的循环顶点（bval3d.F 第 155 行）被识别为潜在的可扩展性瓶颈。

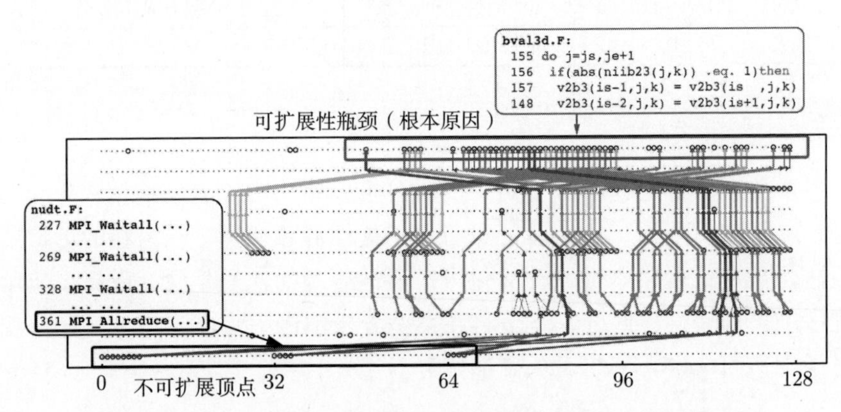

图 3.20 Zeus-MP 应用的反向追踪过程示意图（见文前彩图）

经深入分析后，本书发现图 3.20 中性能问题的原因是部分进程在执行循环（bval3d.F 第 155 行）时，另一部分进程在进行非阻塞通信（nudt.F 第 227 行），它们空闲地等待执行循环的进程。该等待产生的延迟继续经过两次非阻塞通信（nudt.F 第 269 行和 328 行）传播至其他进程及后续代码片段。MPI_Allreduce（nudt.F 第 361 行）在进行全局同步时，将所有进程的延迟暴露出来，从而展现出可扩展性问题。循环（bval3d.F 第 155 行）中存在的性能问题属于代码逻辑导致的负载不均，而非输入数据引起的负载不均。

（2）优化。本书通过使用 MPI+OpenMP 的混合编程模型对 Zeus-MP 的内在性能问题进行优化。具体地，可以在循环（bval3d.F 第 155 行）前加入 #pragma omp parallel for 导语，使忙碌进程的计算任务分担至空闲的物理核上，从而降低由于代码逻辑导致的负载不均问题。此外，ScalAna 在 Zeus-MP 中检测到其他的可扩展性瓶颈，例如 hsmoc.F 第 665 行、第 841 行和第 1041 行的循环。通过读取这些循环对应顶点的关键性能数据，本书发现其执行访存指令数和缓存丢失次数均非常高。本书使用循环分块技术降低缓存丢失率。

通过上述优化，Gorgon 上 Zeus-MP 在 128 进程规模时的加速比从 55.53 倍增长至 61.39 倍（1 进程规模为基准）。同时，128 进程规模时的程序性能提升了 9.55%。本书也在天河二号上测试了 Zeus-MP 优化前后的性能。Zeus-MP 在 2048 进程规模时的加速比从 68.41 倍增长至 76.15 倍（16 进程规模为基准），程序性能提升了 9.96%。其他的负载均衡优化技术也可以被应用在 Zeus-MP 上以提升性能及可扩展性，本书仅给出几种常见的优化技术以验证 ScalAna 可扩展性瓶颈检测的准确性。

（3）对比。ScalAna 与两个最先进工具的对比实验在 Gorgon 上进行。本书以这些工具规定的使用方法进行测试（详见 3.5.1 节）。基于事件轨迹的 Scalasca 在进程规模扩大至 64 时，可以精确地定位函数级别的可扩展性问题根本原因。基于程序概要的 HPCToolkit 可以自动地定位细粒度循环级别的可扩展性问题。该工具的输出界面中列出了多个可扩展性问题和性能问题代码片段，包括 MPI_Allreduce（nudt.F 第 361 行）和循环（bval3d.F 第 155 行），但是并未给出这些性能问题代码片段之间的关联性，因此不能推断根本原因。用户仍需要专业知识进行手动分析才能确定循环（bval3d.F 第 155 行）是可扩展性问题的根本原因。

图 3.21 展示了 ScalAna 与两个最先进工具的运行时和存储开销对比。图中的数值越低代表开销越低。在运行时性能方面，ScalAna 和 HPCToolkit 引入的开销非常低，分别平均为 1.85%和 2.01%。而基于事件轨迹的 Scalasca 在 64 进程规模时平均引入了 40.89%的运行时开销（不计入 I/O 时间）。在存储开销方面，ScalAna 相较于 Scalasca 更为轻量级。对于 64 进程规模的 Zeus-MP，ScalAna 仅需要 20 MB 的存

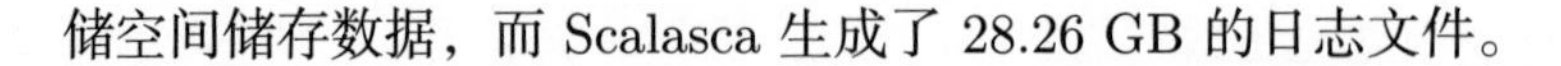

储空间储存数据，而 Scalasca 生成了 28.26 GB 的日志文件。

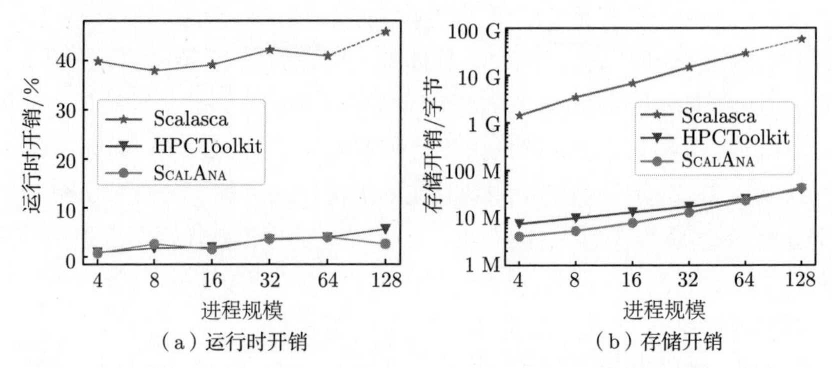

（a）运行时开销　　（b）存储开销

图 3.21　Zeus-MP 应用上的运行时和存储开销对比

2. SST

SST 是一个针对高并发系统微处理架构和内存的模拟器，使用 MPI 编程模型实现并行。SST 模拟微处理架构和内存上发生的所有事件。这些事件之间的依赖关系非常复杂，以至于大多数事件间需要顺序执行。并行仅发生在每个事件的模拟过程之内，因此程序整体的并行度非常低。本书在 4~128 进程规模测试 SST 的性能，测试结果显示 SST 在 16 和 32 进程规模时的加速比仅为 1.28 倍和 1.20 倍（以 4 进程规模为基准）。

（1）可扩展性瓶颈检测。ScalAna 生成了 SST 在 32 进程规模时的程序性能图，在图中识别性能问题顶点，并运用反向追踪算法自动定位可扩展性问题的根本原因。ScalAna 检测到 RankSyncSerialSkip::exchange 函数中的 MPI_Allreduce（rankSyncSerialSkip.cc 第 235 行）的可扩展性非常差。图 3.22 是 SST 在 128 进程规模时的粗略程序性能图，纵轴自上而下表示控制和数据流方向，横轴表示不同的进程，每个顶点代表一个进程中一个代码片段。实心点表示性能正常的顶点，空心圆点表示性能问题顶点。如图 3.22 所示，反向追踪经过非阻塞点对点通信的 MPI_Waitall（rankSyncSerialSkip.cc 第 217 行）函数，定位出 RequestGenCPU::handleEvent 函数中的循环（mirandaCPU.cc 第 247 行）是可扩展性问题的潜在根本原因。图中的红色箭头示意了 ScalAna 检测到的部分反向追踪路径。图 3.23 展示了循环（mirandaCPU.cc 第 247 行）的原始代码。

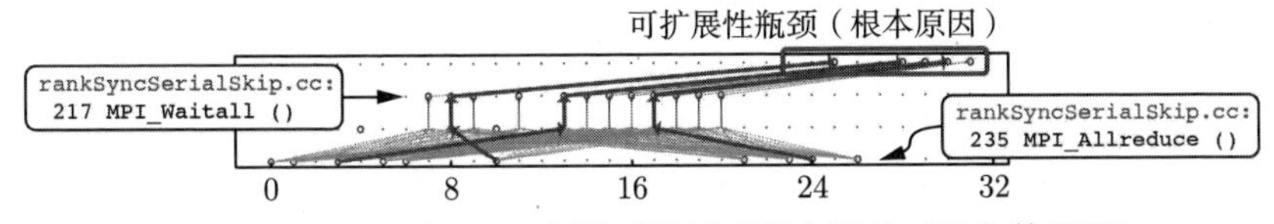

图 3.22　SST 在 128 规模时的粗略程序性能（见文前彩图）

```
1  mirandaCPU.cc
2  // 原始版本
3  for(uint32_t i = 0; i < pendingRequests.size(); ++i) {
4      pendingRequests.at(i)->satisfyDependency(cpuReq->getOriginalReqID());
5  }
6
7  // 优化后版本
8  for(uint32_t i = 0; i < pendingRequests.size(); ++i) {
9      auto id = cpuReq->getOriginalReqID();
10     for (auto req : callbacks[id]) {
11         req->satisfyDependency(id);
12     }
13 }
```

图 3.23　SST 应用的可扩展性瓶颈优化前后的代码片段

（2）优化。本书进一步对该循环（mirandaCPU.cc 第 247 行）对应顶点的关键性能数据进行分析。如图 3.24 所示，该循环不同进程的执行指令数（TOT_INS）差异非常大。经手动分析，本书发现该程序用低效的数组（array）数据结构处理查询操作，这导致不同进程需要不同执行周期（TOT_CYC）来完成不同的查询操作。为了解决该问题，本书将数据结构由数组（array）改为 unordered_map，该优化将查询算法的复杂度从 $O(n)$ 降至 $O(\log(n))$，从而使不同进程的查询时间更加均衡，优化后代码如图 3.23 所示。图 3.24 展示了优化前后的循环（mirandaCPU.cc 第 247 行）在 32 进程规模时，不同进程的执行指令数（TOT_INS）和运行时间（TOT_CYC）。该优化显著地降低了不同进程之间执行指令数（TOT_INS）和运行时间（TOT_CYC）的差距，使得进程间负载更为均衡。在此优化后，SST 在 32 进程规模时的可扩展性由 1.20 倍提升至 1.56 倍（4 进程规模为基准），同时性能提升了 73.12%。

（3）对比。基于程序概要的 HPCToolkit 仅定位出 MPI_Waitall 是性能瓶颈，而循环（mirandaCPU.cc 第 247 行）并未被识别出。具体原因是，该循环在运行时创建的线程中执行，而 HPCToolkit 不支持采集运行时被创建出的线程的性能数据（HPCToolkit 理论上满足该场景的性能

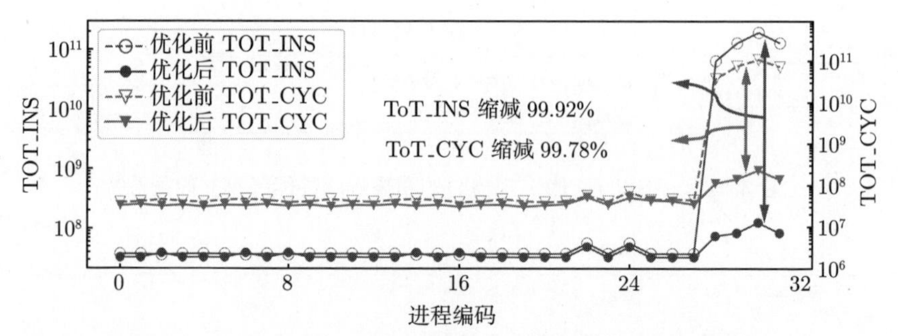

图 3.24 SST 应用中某个循环优化前后的关键性能数据对比

数据采集，但目前的版本尚未支持）。即使 HPCToolkit 可以采集该场景下的性能数据，它仍然需要较高的人力开销和手动分析以定位可扩展性问题的根本原因。基于事件轨迹的 Scalasca 可以分析出函数粒度的可扩展性问题，但其在 32 进程规模时分析 SST 的存储开销高达 31.56 GB，而 ScalAna 仅需要 1.03 MB 的存储空间记录数据。

3. Nekbone

Nekbone 抽象了 Nek5000 的基本负载特征，采用了谱元法求解三维空间中的亥姆霍兹方程。本书在 16384 数据规模下，分别使用 4~128 进程运行 Nekbone。Nekbone 在 64 进程规模时展现出可扩展性问题，其 32 和 64 进程规模时的加速比分别为 20.61 倍和 31.95 倍（以 1 进程规模为基准）。

（1）可扩展性瓶颈检测。本书使用 ScalAna 分析 Nekbone 的可扩展性问题的根本原因。ScalAna 的分析结果表明，comm_wait 函数中的 MPI_Waitall（comm.h 第 243 行）是不可扩展顶点。经反向追踪算法分析，ScalAna 发现可扩展性问题的根本原因是 dgemm 函数中的循环（blas.f 第 8941 行）。该循环的不均衡引起了 MPI_Waitall 函数的等待，并最终导致了 Nekbone 的可扩展性问题。

（2）优化。本书进一步分析该循环（blas.f 第 8941 行）对应顶点的关键性能数据。图 3.25 展示了该应用中某循环优化前后的性能数据，在该循环中，某些进程的运行时间（TOT_CYC）显著低于其他进程，而所有进程的执行访存指令数（TOT_LST_INS）却基本相同。本书发现，该现象的原因是不同进程所绑定的处理核的访存带宽不同，而访存带宽的不同是 GORGON 特殊 NUMA 架构导致的。在不改变硬件环境的情况下，本书从代码优化的角度进行了优化。具体地，本书使用高效的线性代数库（basic linear algebra subprograms，BLAS）以减少访存次数（TOT_LST_INS），从而缩小不同进程的运行时间差异。图 3.25 展示了在优化前后该循环的执行访存指令数和运行时间。其中，执行访存指令数被减少了 89.78%，运行时间降低了 94.03%。整体上，优化后 Nekbone 在 64 进程规模时的可扩展性从 31.95 倍提升至 51.96 倍（以 1 进程规模为基准）。同时，Nekbone 在 64 进程规模时的性能提升了 68.95%。此外，本书在天河二号上使用更大进程规模测试了优化前后的性能提升。其中，Nekbone 在 2048 进程时的可扩展性从 27.08 倍提升至 29.97 倍（以 64 进程规模为基准），整体性能提升了 11.11%。

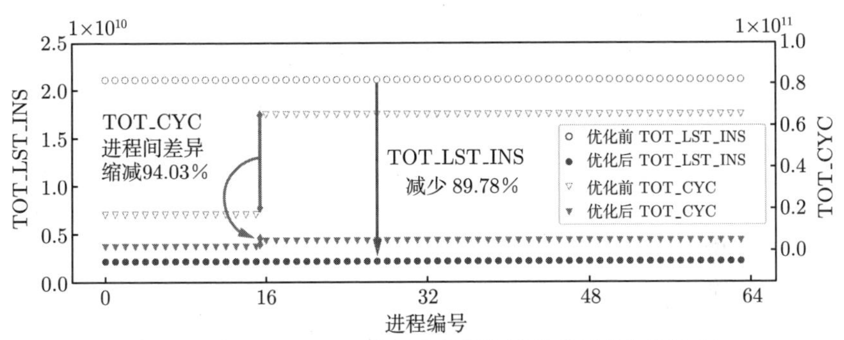

图 3.25 Nekbone 应用中某循环优化前后的性能数据

（3）对比。本书使用 HPCToolkit 和 Scalasca 对 Nekbone 的可扩展性瓶颈进行检测。HPCToolkit 能指出 MPI_Waitall（comm.h 第 243 行）和循环（blas.f 第 8941 行）中存在的性能问题，但是定位根本原因仍需大量手动分析。Scalasca 可以自动分析出可扩展性瓶颈，但它在 64 进程规模时引入了 3.44 GB 存储开销，而 SCALANA 仅产生了 0.32 MB 的相关数据。

3.6 小　　结

本章提出了一个基于图的，兼顾轻量级、自动化和精确性的可扩展性瓶颈检测工具。该工具通过静动态结合的分析方法将程序结构和性能数据转化为程序性能图，并提出反向追踪算法定位复杂程序中的可扩展性问题根本原因。本章使用 NPB 测试集中的所有程序和 3 个真实应用展示了该工具的有效性及高效性，并给出了 3 个案例示范该工具的分析过程。实验结果表明，ScalAna 可以低开销地定位可扩展性问题的根本原因，平均运行时开销为 1.73%，平均存储开销为 4.72 MB。同时，对比于最先进的性能分析工具 Scalasca 和 HPCToolkit，ScalAna 在自动性和高效性上有显著的提升。

第 4 章　面向性能分析的领域特定编程框架

性能分析是协助程序员定位性能瓶颈的必要技术。为降低性能分析的复杂性，目前研究人员已开发许多通用性能分析工具以实现自动性能分析[18,21]。然而，大规模并行应用中包含复杂的数据和控制依赖、复杂的线程间锁和进程间通信依赖，导致性能瓶颈的定位愈加困难，需要程序员进行进一步分析。许多研究工作针对一些场景进行深入分析，并设计了特定功能的性能分析工具，例如关键路径分析[30,128]、线程等待关系分析[65] 和第 3 章中的可扩展性瓶颈检测等。

特定功能的性能分析工具只关注某个或某些特定场景，但是并行程序的性能问题种类繁多，并且可能因多个性能问题以复杂方式相互交织而衍生出各种各样的场景，例如：①复杂的通信、锁模式和数据依赖以一种不可预测的方式隐藏了性能问题；②不同类型的性能问题之间相互干扰，传统方法检测到的性能问题可能来源于多种性能问题（包括负载不平衡、资源竞争等）。现有的通用或特定场景的性能分析不能满足所有场景下的性能分析需求，而针对新场景实现新的性能分析任务需要大量的手动编码和分析知识。因此，需要一个面向性能分析的领域特定编程框架，帮助用户高效地实现针对新场景的性能分析任务。

通过观察典型的性能分析任务，本书发现，一个性能分析任务的分析过程本质是一个流程图。图 4.1 展示了一个通信性能分析的过程。当开发人员分析一个应用程序的通信性能时，首先运行程序并在运行时采集性能数据，然后依据性能数据检测程序的热点函数，并筛选出热点中的通信函数。对于通信操作，均衡性是影响通信性能的关键要素。因此，继续对比热点通信函数不同进程的执行时间，检测是否均衡。若通信函数进程间执行时间不均衡，则需要查看是否由通信消息大小不均衡导致。若通信大小均衡，则需要查看各个进程的通信等待时间，并对比是否均衡。若进程间的通信等待时间差异较大，则需要查找该通信函数之前的代码段，并继续对该代码段进行分析，最终定位导致通信性能低下的性能瓶颈。图 4.1 中的通信分析任务过程是一个流程图，流程图中的每个步骤都需要完成一个基本的性能分析子任务。

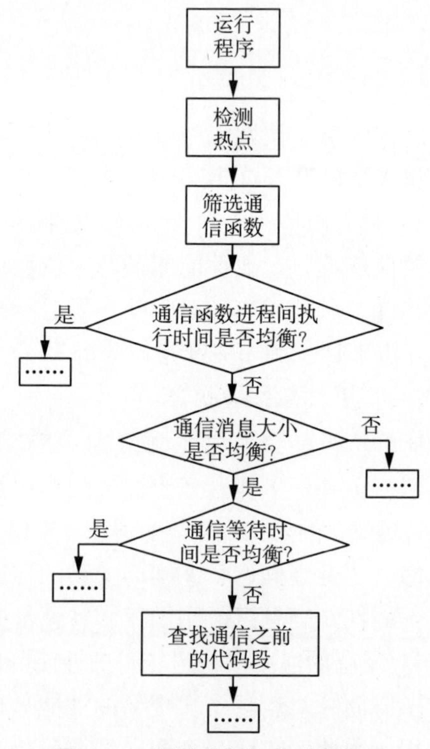

图 4.1 通信分析任务过程示例

本书继续对流程图中的性能分析子任务进行进一步观察与分析，发现这些子任务中的操作主要分为两类，分别是性能数据访问和基于特定规则的性能数据分析。

性能数据访问主要负责获取用于某个分析步骤所需的性能数据，包括运行时间、缓存命中次数、执行指令数、通信模式和循环次数等。

基于特定规则的性能数据分析是为达到某个分析步骤的分析需求，需要设计特定的分析算法。典型的基于特定规则的性能数据分析包括热点检测、均衡性分析和相关代码段查找等。此外，基于特定规则的性能数据分析也可以是针对特定场景设计的特殊分析，例如用于检测某种线程间等待模式的分析[65]，3.3.2 节中用于定位根本原因的反向追踪分析等。

通过组合不同类型的性能数据与基于特定规则的性能数据分析，可以达到不同步骤（分析子任务）的分析需求。例如，对于图 4.1 中的“通信函数进程间执行时间是否均衡?”、“通信消息大小是否均衡?”和“通信等待时间是否均衡?”三个步骤，可分别通过访问通信函数执行时间、通信消息大小和通信等待时间三种性能数据，并与均衡性分析进行组合，实现对应步骤的功能。

总结上述观察分析，本书认为，设计一个面向性能分析的领域特定编程框架所需要的关键抽象包括性能分析过程的抽象和程序性能行为的抽象。性能分析过程的抽象允许开发人员表示各种各样的性能分析任务。程序性能行为的抽象用于表示程序的性能，使性能数据的访问与分析更加便捷。本书结合观察分析的结论，分别针对两个抽象提出了具体的抽象形式:

（1）性能分析过程的抽象。为了满足各种分析场景的需求，基于约束求解的分析方法（constraint-solving-based analysis）为不同场景专门设计不同的分析算法。这些算法通常差异很大。经观察发现，典型的性能分析方法是一个逐步分析的过程，每个步骤只执行一个基本分析，而一个步骤的结果会在下一步骤中进行进一步分析。受此观察的启发，本书提出了基于数据流图的性能分析过程抽象。数据流图的顶点对应一个基本分析步骤，而边上的数据记录了步骤之间的分析中间结果。

（2）程序性能行为的抽象。性能分析任务依赖于程序本身与性能数据，包括性能监控单元数据、程序结构、通信模式和数据依赖关系等。许多研究工作利用图表示程序行为，并设计任务驱动的方法来解决它们的特定问题，包括但不限于程序调试[64]、性能建模[69]和通信跟踪压缩[26]等。受这些工作的启发，本书将程序的性能行为表示为图结构。

基于上述观察分析与抽象设计，本书提出了一个面向性能分析的领域特定编程框架 PerFlow，该框架可以有效降低用户实现自定义性能分析任务的编程复杂性。PerFlow 主要有两个技术创新点:

（1）提出了一个基于数据流图的性能分析过程抽象，支持对各种性能分析任务的表示，并提供相关编程接口、内置的性能分析子任务库以及若干性能分析范例，协助程序员以最低的编码开销表示自定义性能分析任务。

（2）提出了一个基于图的程序性能行为抽象，以图结构表示程序性能行为，并提供一系列基于图的编程接口，支持程序员进行便捷、高效的程序性能相关信息访问与分析。

本章 4.1 节给出了 PerFlow 的整体框架和一个简单性能分析任务的编程示例，4.2 节介绍基于图的程序性能抽象，4.3 节介绍基于数据流图的性能分析过程抽象和相关编程示例，4.4 节展示实验数据分析和具体案例，4.5 节进行本章总结。

4.1 整体框架

为了降低程序员实现自定义性能分析任务的编码复杂性，本书开发了面向性能分析的领域特定编程框架 PerFlow。PerFlow 将性能分析的逐步过程抽象为一个数据流图（称为性能分析数据流图）。程序员仅需将性能分析任务描述为性能分析数据流图，PerFlow 即可自动地运行程序并进行性能分析。本节介绍 PerFlow 的整体框架，并通过一个具体的编程示例说明如何使用 PerFlow 实现自定义性能分析任务。

4.1.1 PerFlow 系统框架

图 4.2 展示了 PerFlow 的系统框架，其中包含两个主要模块，分别是基于图的程序性能抽象和基于数据流图的性能分析过程抽象。

（1）基于图的程序性能抽象。在该模块中，程序运行的性能行为被表示为程序抽象图，其顶点表示代码片段，边表示控制流、数据移动和依赖关系（4.2.1 节）。PerFlow 以二进制文件作为输入，首先利用静动态结合的分析技术（4.2.2 节）提取程序结构并收集相关性能数据，然后将性能数据嵌入程序结构中以构建程序抽象图（4.2.3 节）。同时，PerFlow 还可以提供基于图的低级编程接口，方便用户进行程序性能的访问和分析。

（2）基于数据流图的性能分析过程抽象。该模块将性能分析过程抽象为数据流图，主要包含两个概念，分别是性能分析子任务（pass）和基于数据流的编程模型。性能分析子任务库提供了各种内置分析子任务

（4.3.3 节），这些分析子任务由程序性能抽象中提供的低级编程接口构建。具体地，分析子任务通过在程序抽象图上进行图算法（如广度优先搜索、子图匹配等）和图操作（如属性访问、邻居查询等）实现基本的分析。分析子任务输入输出的中间结果被定义为集合，它的元素可以是程序抽象图的顶点或边。PERFLOW 也支持用户直接使用低级编程接口实现自定义性能分析子任务。PERFLOW 提出了两个图，分别是程序抽象图和性能分析数据流图，它们之间的关系是：程序抽象图是性能分析数据流图中所有分析子任务的分析环境，程序抽象图的顶点与边组成的集合是性能分析数据流图边上流动的数据。此外，基于数据流的编程模型提供了高级编程接口。程序员只需要根据分析任务的需求，将分析子任务组合为性能分析数据流图，然后 PERFLOW 将自动运行程序并执行程序员指定的性能分析。

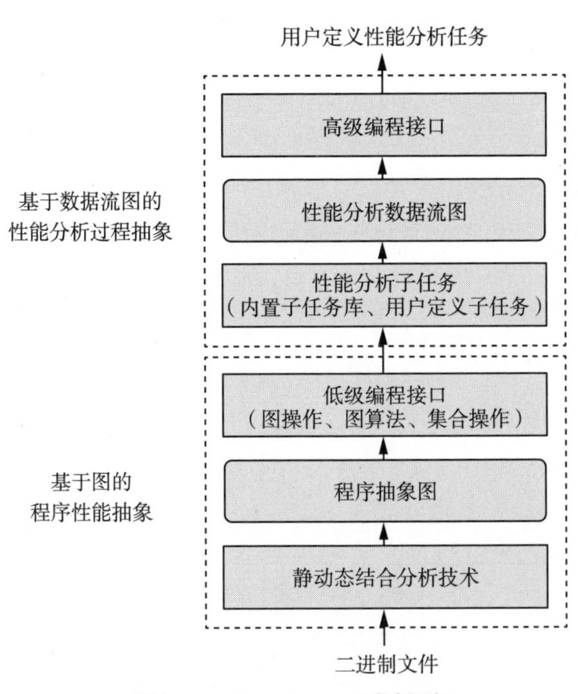

图 4.2　PERFLOW 系统框架

PERFLOW 目前支持 C、C++ 和 Fortran 语言中的 MPI、OpenMP 和 Pthreads 编程模型。静动态结合的分析技术可以轻松地扩展到其他编程模型（例如 CUDA 等）和其他硬件架构（例如 ARM 等）。因此，PerFlow 是一个支持跨平台的编程框架。

4.1.2 编程示例：通信分析任务

本书以一个通信分析任务为例介绍如何使用 PerFlow 进行编程。在分析程序的通信性能时，通信的均衡性是关键特性之一。如果检测到存在通信不均衡，程序员需要对通信性能进行分解，以确定不均衡的原因，例如消息大小不同、通信前的计算负载不均等。本书将此通信分析任务的逐步分析过程总结为图 4.3 中的性能分析数据流图，它在最后报告出检测到存在性能问题的通信调用的指定属性（包括函数名称、通信模式、调试信息和执行时间）。报告模块支持提供以文本形式或图形式输出结果。图 4.4 展示了使用 PerFlow 的高级编程接口对图 4.3 中性能分析数据流图的实现代码。首先运行二进制文件并生成程序抽象图，然后构建性能分析数据流图进行分析。

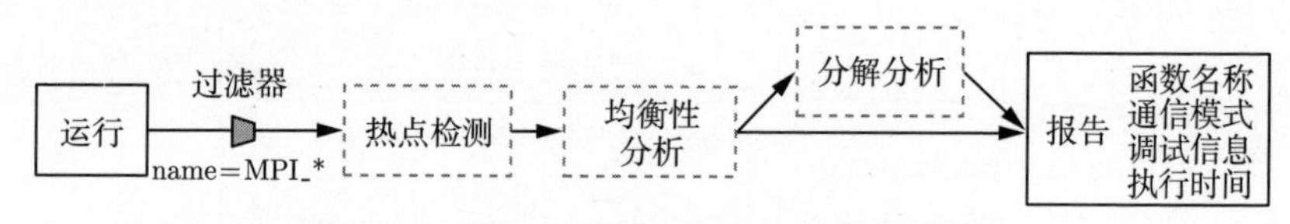

图 4.3 通信分析任务的性能分析数据流图

```
pflow = PerFlow()
# 运行二进制文件并返回程序抽象图
pag = pflow.run(bin = "./a.out",
                cmd = "mpirun -np 4 ./a.out")

# 构建性能分析数据流图
V_comm = pflow.filter(pag.V, name = "MPI_*")
V_hot = pflow.hotspot_detection(V_comm)
V_imb = pflow.imbalance_analysis(V_hot)
V_bd = pflow.breakdown_analysis(V_imb)
attrs = ["name", "comm-info", "debug-info", "time"]
pflow.report(V_imb, V_bd, attrs)
```

图 4.4 热点检测函数的实现代码

4.2 程序性能抽象

现有的工作利用图分析技术进行程序正确性分析[64,66]、性能分析[26]等。本书提出的 ScalAna（第 3 章）也将程序性能转化成图，并提出图算法进行可扩展性瓶颈检测。基于这些工作运用图分析的经验，PerFlow 进一步定义了一个程序抽象图以统一地表达该程序的性能行为，并提供图相关操作在程序抽象图上进行性能分析。程序抽象图的设计基于 ScalAna 的程序结构图与程序性能图，其顶点表示代码片段，边表示代码片段之间的关系，例如控制、数据流和线程间、进程间的依赖关系。与 ScalAna 不同的是，PerFlow 进一步设计了统一的编程接口，支持对程序抽象图进行访问和分析。PerFlow 首先利用静动态结合分析提取程序结构并收集性能数据，然后将性能数据嵌入程序结构中以构建程序抽象图。同时，PerFlow 提供了以图为中心的接口以访问程序性能数据、实施图算法等。此外，与 ScalAna 不同的是，PerFlow 以二进制文件作为输入，而 ScalAna 基于程序源码进行分析，这使得 PerFlow 适用于更多真实场景。本节主要介绍程序抽象图的定义，并简要介绍其构建过程。静动态分析的构建过程与 ScalAna 类似，因此简要介绍。

4.2.1　程序抽象图的定义

程序抽象图是一个加权有向图 $G=(V, E)$。

每个顶点 $v \in V$ 代表一个代码片段，其标签和属性分别表示该顶点的类型以及其上记录的数据。顶点的标签包括函数、调用、循环和指令。调用类型分为自定义函数调用、通信函数调用、外部函数调用、递归调用和间接调用等。顶点的属性是各种性能数据，包括执行时间、性能监控单元数据、通信数据、函数调用次数和迭代次数等，具体取决于分析任务的具体需求。

每条边 $e=(v_{src}, v_{dst}) \in E$ 连接源顶点（v_{src}）和目的顶点（v_{dest}），其标签和属性分别表示边的类型及其上记录的数据。边的标签包括过程内、过程间、线程间和进程间四种类型。过程内边代表函数的控制流。过程间边表示函数调用关系。线程间边代表不同线程间的数据依赖，比如锁引起的等待事件。进程间边代表不同进程之间的通信，包括同步点对点通信、异步点对点通信和集合通信。边的属性是性能数据、通信的执行时间、通信数据量以及等待事件的时间等，取决于边的类型和运行时数据。

4.2.2 静动态分析

PerFlow 结合静动态分析收集用于构建程序抽象图的相关数据。静态分析提取程序抽象图的主要结构，动态分析通过在运行时监控程序以收集性能数据和静态无法获得的结构信息，如间接调用、锁和通信信息等。静态分析可显著降低纯动态分析的运行时开销。

（1）静态分析

PerFlow 使用 Dyninst[46] 对二进制文件进行静态分析，并提取静态信息，包括控制流、静态调用关系和调试信息。同时，针对静态阶段无法获取必要信息的函数调用，PerFlow 对其进行标记，以便在动态分析时进行信息补充。

（2）动态分析

PerFlow 使用基于采样的方法提供了内置的运行时数据采集模块。采集模块收集静态阶段无法获取的运行时数据，包括性能监视器单元（performance monitor unit，PMU）数据、通信数据、锁信息、间接调用关系等。

4.2.3 程序抽象图的构建

程序抽象图的主要信息包括图结构与顶点和边的属性。图结构表示各个代码片段之间的依赖关系，属性表示代码片段的类型以及量化的性能数据。本节介绍图结构提取和属性关联中的各项技术。

1. 图结构提取

提取程序抽象图的图结构分为四个阶段，分别是过程内分析、过程间分析、线程间分析和进程间分析。

（1）过程内分析

过程内分析为每个函数提取其控制结构，并生成一个函数结构图。此图从各函数的控制流图中提取。函数结构图的粒度将影响最终程序抽象图的规模。粒度越细，图规模越大。PerFlow 支持开发人员选择函数结构图的适当粒度（包括函数级、循环级和指令级），以满足不同分析任务的要求。该分析的详细过程已在 3.2.1 节中介绍。

（2）过程间分析

过程间分析根据调用关系，将函数结构图合并为整体的程序抽象图。在此分析中，调用关系包括函数调用关系图中的函数调用关系和线程函数的创建和结束关系。线程函数创建和结束关系指父线程中的线程创建和结束调用与子线程的执行函数之间的关系。该分析过程已在 3.2.1 节中描述。

（3）线程间分析

线程间分析获取锁引起的数据依赖。线程间边表示线程之间的等待关系。本书以 Pthreads 编程模型为例进行说明。pthread_mutex_lock 和 pthread_mutex_unlock 分别是加锁和解锁操作。PerFlow 通过动态检测记录锁操作的互斥对象，并分析使用同一互斥锁的所有线程及对应函数。同时，动态检测记录所有锁操作的运行时间，以确定各线程中发生的等待事件及相关性能数据。如图 4.5（a）所示，线程 0 中的 pthread_mutex_lock 和线程 1 中的 pthread_mutex_unlock 均使用相同的互斥锁。依据动态检测采集的运行时间，可知线程 1 中的 pthread_mutex_lock 中存在等待事件。因此，本书添加一条从线程 0 中 pthread_mutex_unlock 到线程 1 中 pthread_mutex_lock 的边，以表示该锁操作引起的数据依赖。

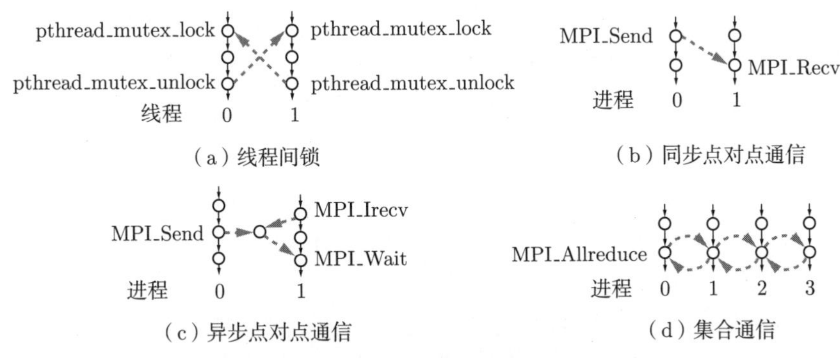

图 4.5 线程间分析和进程间分析示意图

（4）进程间分析

进程间分析获取进程间通信操作的依赖关系。该分析主要针对三种常见的通信操作，包括同步点对点通信、异步点对点通信和集合通信。此处仅对三种通信操作进行简要介绍并展示它们在程序抽象图中的结构，各类通信操作的通信数据和依赖采集方法已在 3.2.2 节中详细介绍。以下介绍以 MPI 编程模型为例。

①同步点对点通信：需要源进程、目标进程以及通信操作的标签来分析发送方和接收方之间的依赖关系。如图 4.5（b）所示，PerFlow 构建了一条从进程 0 中的 MPI_Send 到进程 1 中的 MPI_Recv 的通信边以表示同步点对点通信。

②异步点对点通信：需要源进程、目标进程和通信标签，以获取发送方和接收方之间的依赖关系。与同步点对点通信不同，异步点对点通信的通信数据不能在发送和接收函数中直接获取，需要在同步函数（如 MPI_Wait）中采集。图 4.5（c）显示了由 MPI_Send、MPI_Irecv 和 MPI_Wait 实现的异步点对点通信示例。PerFlow 使用两条边表示异步点对点通信依赖。一条边从 MPI_Send 至 MPI_Irecv，另一条边从 MPI_Irecv 至 MPI_Wait。

③集合通信：需要通信域获得通信依赖关系。集合通信的通信域指的是参与集合通信的所有进程的集合。在图 4.5（d）中，PerFlow 在通信域中的相关进程间插入通信边，以表示集合通信的依赖关系。

2. 属性关联

大规模并行程序生成大量性能数据。属性关联可以将性能数据可嵌入至程序抽象图中，借助程序抽象图中的图结构极大地压缩性能数据的存储空间。本节介绍性能数据的格式及关联方法。

（1）性能数据标准格式

满足特定条件的性能数据，均可利用程序抽象图的图结构进行压缩。本书总结可被嵌入程序抽象图的性能数据的标准格式，其中每份性能数据需要包含以下基本项：

①调用上下文：或称函数调用栈，用于进行数据关联。

②并行编号：指进程编号和线程编号（进程编号和线程编号是唯一的）。

③性能指标：性能数据的含义，如代码片段的执行时间、函数被调用次数等。

④数值：性能指标的具体数值。

理论上，HPCToolkit[18]、Score-P[58] 等先进的工具所采集的性能数据都满足以上条件。这意味着这些工具采集的性能数据经解析后，可被进一步关联至程序抽象图中。同时，这也意味着 PerFlow 具有较强的扩展性。

（2）性能数据关联

性能数据关联将性能数据作为属性关联到相应的顶点中。PerFlow 通过每份数据的调用上下文定位相应的顶点，然后将性能数据与这些顶点关联。具体关联算法及示例见 3.2.2 节。

4.2.4　程序抽象图的视图

程序抽象图有两种视图，分别是自顶向下视图和并行视图，分别用于不同场景下的性能分析。自顶向下视图更适合被用以分析不同并行规模和不同输入下的对比分析，并行视图更适合被用以分析并行程序单次运行的性能行为。自顶向下视图仅包含过程内和过程间边，并行视图包含所有类型的边，包括过程内、过程间、线程间和进程间边。本节以图 4.6 中的示例程序描述两种视图的生成过程。图 4.6 展示了一个带有三个函数（main 函数、foo 函数和 add 函数）的 MPI + Pthreads 并行程序示例。其中，main 函数的循环体中调用 foo 函数，foo 函数中创建执行 add 函数的线程。此外，main 函数和 add 函数中均对变量 sum 进行访问，因而它们在访问变量 sum 前后进行加锁和解锁操作以保证写操作正确。

（1）自顶向下视图

程序抽象图的自顶向下视图在第 3 章中的程序结构图的基础上，加入线程间信息等。构建程序抽象图的自顶向下视图分为三个步骤：

①通过过程内分析提取各个函数的结构信息。图 4.7（a）展示了过程内分析生成的 main 函数、foo 函数和 add 函数对应的函数结构图。

② 通过过程间分析将每个函数的函数结构图合并为一个整体的程序抽象图。图 4.7（b）展示了合并后的程序抽象图（图中仅标记合并相关顶点的名称）。

③ 通过属性关联将性能数据关联至顶点中。图 4.7（c）展示了属性关联后的自顶向下视图，每个顶点都包含性能数据（图中仅标记性能数据数值较大顶点的名称）。顶点的颜色饱和度代表热点的严重程度，即颜

色越深，热点越严重。

```
 1 int main() {
 2   while (iter--) {                // Loop_1
 3     foo(...);
 4     pthread_mutex_lock(...);
 5     sum += local_sum;
 6     pthread_mutex_unlock(...);
 7     pthread_join(...);
 8   }
 9   printf(...);
10 }
11 void foo(...){
12   pthread_create(..., add, ...);
13   for (...)                       // Loop_2
14     local_sum += B[i];
15   MPI_Sendrecv(sum, ...);
16 }
17 void* add(...) {
18   pthread_mutex_lock(...);
19   for (...)                       // Loop_3
20     sum += A[i];
21   pthread_mutex_unlock(...);
22 }
```

图 4.6 代码示例

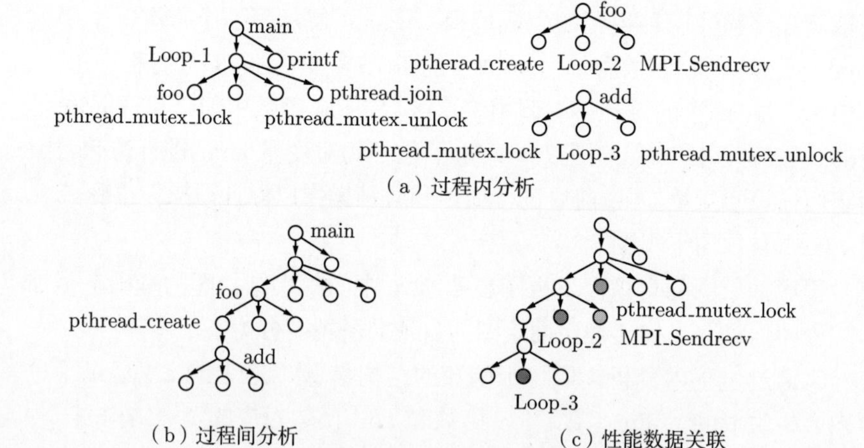

（a）过程内分析

（b）过程间分析

（c）性能数据关联

图 4.7 程序抽象图自顶向下视图的生成示意图

（2）并行视图

程序抽象图的并行视图在第 3 章中的程序性能图的基础上，加入线程间信息等。构建程序抽象图的自顶向下视图分为三个步骤：

① 为每个进程和线程分别生成一个流。该流是对程序抽象图的自顶

向下视图的特定部分进行前序遍历得到的顶点访问序列，它以线程为粒度。具体地，当遍历过程中遇到 pthread_create 或 OMP_parallel 函数时（这两个函数会新创建线程），则需新建一个前序遍历流。在新的遍历流结束后，将继续之前的遍历流，从而保证每个遍历流表示的是单个线程。图 4.8（a）展示了遍历图 4.7（c）中的自顶向下视图后生成的所有线程的流。

② 进行线程间分析和进程间分析。以线程间锁和进程间通信依赖边连接所有线程的流。

③ 将性能数据分发至各个进程和线程中。具体地，在自顶向下视图中，每个顶点包含该代码片段中所有进程和线程的性能数据。该步骤根据进程和线程编号，将性能数据分发至对应线程和进程中。图 4.8（b）展示了数据分发后的程序抽象图并行视图（图中仅标记线程间和进程间相关顶点的名称）。同样地，顶点的颜色饱和度代表热点的严重程度。

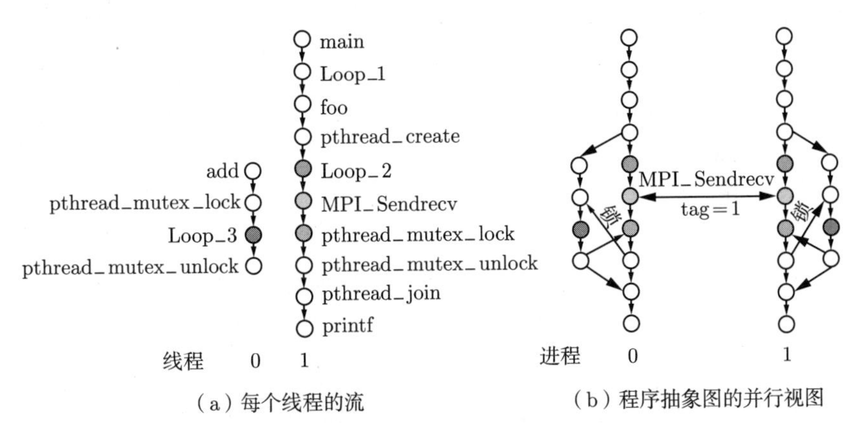

（a）每个线程的流　　（b）程序抽象图的并行视图

图 4.8　程序抽象图并行视图的生成示意图（见文前彩图）

4.3　性能分析过程抽象

4.3.1　性能分析数据流图

PerFlow 将性能分析过程抽象为性能分析数据流图。该数据流图表示性能分析任务中的所有分析步骤和阶段的执行流程，包括运行阶段、分析子任务和分析结果报告。具体地，通过总结现有的性能分析工具方法和手动性能分析方法，本书发现性能分析的过程类似于数据流图。用户通常逐步对性能数据进行深入分析，最终确定性能瓶颈。因此，本书设计了一个基于数据流的编程抽象来表示性能分析过程。本节介绍性能分析数据流图中的元素类型、性能分析子任务和范例，并总结该编程框架的使用方法。

4.3.2 性能分析数据流图的元素

性能分析数据流图的每个顶点表示一个分析子任务，每条边表示顶点的输入或输出。在 PerFlow 中，顶点中的子任务由分析函数（pass）完成，数据流图边上流动的数据使用集合表示。以下分别介绍性能分析数据流图中的元素。

（1）集合

集合可以是程序抽象图的顶点集合 V、程序抽象图边集合 E 或包含顶点和边的集合（V，E）。PerFlow 将所有代码片段和程序结构表示为程序抽象图的顶点，将所有数据依赖、控制依赖和数据移动表示为程序抽象图的边（详细信息见 4.2.1 节）。集合内的元素表示每个性能分析子任务的分析对象（输入）和分析结果（输出），集合内容在经过性能分析数据流图的顶点时进行更新。

（2）分析函数

分析函数以集合作为输入和输出。输出的集合将作为下一个分析函数的输入。如图 4.9 所示，输入集合（V_1，E_1）经过分析函数后生成输出集合（V_2，E_2），该输出集合将继续经性能分析数据流图的边输入后续分析函数中。此外，一个分析函数的输入输出的集合个数和集合种类由分析函数的需求决定。基于分析函数，用户可灵活地使用和组合分析函数以构建性能分析数据流图。

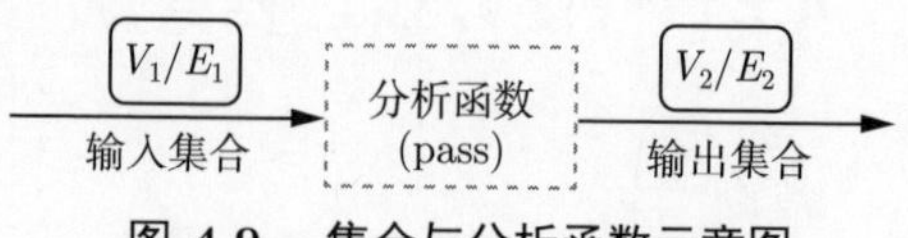

图 4.9 集合与分析函数示意图

PerFlow 提供了一套高级编程接口（后文称编程接口为 API）用于构建性能分析数据流图，该 API 支持对性能分析数据流图结构的描述等功能。同时，PerFlow 提供一个内置的分析函数库供用户直接调用。内置的分析函数库包含热点检测、差分分析、关键路径识别、均衡性分析和故障分析等。此外，PerFlow 还提供一套低级 API，当内置分析函数不满足特定需求时，允许用户通过低级 API 编写自定义的分析函数。4.3.3 节将介绍若干内置分析函数，并展示如何使用低级 API 实现这些分析函数。

4.3.3　性能分析子任务

本节介绍低级 API 的设计以及如何使用低级 API 实现分析函数。

1. 低级 API 接口设计

PerFlow 将程序性能抽象为程序抽象图，这意味着性能分析相应地被抽象为图分析。根据对现有性能分析方法的总结，本书认为基于图的 API 可满足用户实现定制化性能分析的需求。PerFlow 提供三种类型的 API，分别为图操作 API、图算法 API 和集合操作 API。

用户可使用图操作 API 访问程序抽象图中顶点和边的属性，包括名称、类型、性能数据和调试信息等，也可根据图结构进行查询等操作。图操作可以对输出中的元素进行改变，包括删除元素和添加新元素。

图算法 API 提供各种图算法，如广度优先搜索、子图匹配和社区发现等。用户可以通过结合图算法和分析约束以实现特定的分析函数。

集合操作 API 包括元素排序、过滤、分类以及求集合的交集、并集、补集和差分等。例如，过滤操作以程序抽象图顶点和边集合为输入，并筛选出满足过滤条件的元素，加入输出集合。过滤操作的过滤条件可以是顶点和边的类型、名称或其他属性。例如，当筛选通信顶点时，过滤操作可将顶点名称与字符串 MPI_* 的匹配作为过滤条件。当筛选 IO 顶点时，过滤操作可将名称与字符串 istream::read 的匹配或顶点类型匹配作为过滤条件。

2. 分析函数示例

本节进一步以内置分析函数库中的四个分析函数为示例，展示如何使用图操作和图算法等低级 API 实现分析函数。四个示例内置分析函数分别为热点检测、性能差分分析、因果分析和竞争检测。

（1）热点检测

热点检测用于识别具有最高指定指标值的代码片段，指标可以是总执行周期、缓存未命中和指令计数等。例如，最常见的热点检测是识别最耗时的代码片段，其指标为总执行周期或执行时间。图 4.10 展示了一个热点检测分析函数的实现代码。其中，m 表示热点排序所用的指标，用于指定指标以识别不同类型的热点；n 表示输出集合中热点顶点的个数，指标 m 和热点个数 n 可根据用户实际需求进行设定。

```
1 # 定义一个“热点检测”函数
2 # 输入：  程序抽象图的顶点集合 - V
3 #         排序指标 - m
4 #         返回的顶点个数 - n
5 # 输出：  热点顶点的集合
6 def hotspot(V, m, n):
7   return V.sort_by(m).top(n)
```

图 4.10 热点检测函数的实现代码

（2）性能差分分析

性能差分分析用于比较不同输入数据、参数等自变量下的程序性能。性能差分分析有助于用户理解输入变化时的性能趋势。性能差分分析的结果可以直观地表示在程序抽象图的自顶向下视图中。PERFLOW 利用图差分（graph difference）算法实现性能差分分析。

图差分算法基于程序抽象图的自顶向下视图执行。如图 4.11 所示，G_1 和 G_2 是相同程序以不同输入运行时生成的两个程序抽象图，G_3 是对 G_1 和 G_2 执行图差分算法的结果。顶点的颜色饱和度表示热点的严重程度。从图 4.11 可发现，MPI_Reduce 在 G_1 和G_2 中的颜色饱和度不是最高的，但它在 G_3 中的颜色饱和度是最高的。这表明 MPI_Reduce 虽然不是最严重的热点，但输入变化对它的影响是最显著的。通过性能差分分析，可以确定 MPI_Reduce 顶点存在性能问题。图差分算法直观地展示了程序在不同输入下的性能变化。图 4.12 展示了一个性能差分分析函数的实现代码。通过对两个程序抽象图中代表相同代码片段的顶点进行属性差分，即可完成性能差分分析。

（3）因果分析

性能问题会通过复杂的进程间通信和线程间锁传播至其他进程或线程中的代码片段，并导致许多继发性性能问题。简单的性能分析往往只能检测出继发性性能问题，无法定位性能问题的根本原因。程序抽象图并行视图中的边表示进程内数据和控制依赖、进程间通信依赖及线程间锁依赖关系。由这些边所组成的路径可以良好地表示不同进程和线程中各种性能问题的相关性，帮助用户从继发性性能问题追踪性能问题的根本原因。

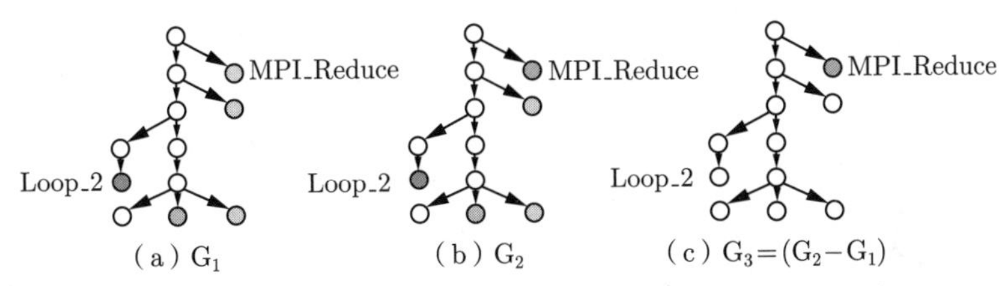

图 4.11　程序抽象图的自顶向下视图上的图差分算法示意图

```
1  # 定义一个"性能差分分析"函数
2  # 输入： 两个程序抽象图的顶点集合 - V1, V2
3  # 输出： 差分顶点的集合
4  def differential_analysis(V1, V2):
5    V_res = []
6    for (v1, v2) in (V1, V2):
7      v = pflow.vertex()
8      for metric in v1.metrics:
9        v[metric] = v1[metric] - v2[metric]
10     V_res.append(v)
11   return V_res
```

图 4.12　性能差分分析函数的实现代码

本书基于最近共同祖先（lowest common ancestor，LCA）算法[129]，加以特定约束以检测性能问题之间的相关性，从而实现因果分析。最近共同祖先算法的目标是在树或有向无环图中搜索同时具有后代顶点v_1 和v_2 的最深顶点。图 4.13 展示了一个因果分析函数的实现代码。该函数以存在性能问题的顶点作为输入，并将其视为最近共同祖先算法中的后代，将最近共同祖先算法检测到的共同祖先顶点标记为潜在的导致性能问题的原因。同时，因果分析函数中约束被检测到的共同祖先必须也存在性能问题。

（4）竞争检测

资源竞争指进程或线程之间共享资源的冲突，该冲突会导致争用资源的进程或线程产生性能下降。资源竞争会导致各种各样的异常表现，例如不必要的同步和死锁等。精准定位这些异常表现通常需要大量的人力分析。经观察发现，这些异常行为在程序抽象图并行视图上存在特定的模式。子图匹配算法[130]（subgraph matching）支持在大图中搜索输入子图的所有实例。该图算法可用于搜索程序抽象图并行视图上的特定模式，从而检测资源竞争。

竞争检测函数在输入顶点集合中检测存在资源竞争的顶点。图 4.14 展示了一个竞争检测函数的实现代码。具体地，该函数的输入是前一个函数的检测结果（必须为顶点集合）。本书定义了一组候选子图表示资源竞争模式（图 4.14 中仅以一个子图作为示例）。通过在输入顶点周围识别子图模式以识别资源竞争，并将检测到的子图实例加入输出集合。

```
1  # 定义一个“因果分析”函数
2  # 输入: 存在性能问题的顶点集合 - V
3  # 输出: 性能问题原因的顶点集合
4  def casual_analysis(V)
5    V_res, S = [], [] # S用于标记已访问的顶点
6    for (v1, v2) in (V, V):
7      if v1!=v2 and v1 not in S and v2 not in S:
8        # v1和v2是后代顶点
9        v, path = pflow.lowest_common_ancestor(v1, v2)
10       # v是最近共同祖先, path是边集合
11       if v in V:
12         V_res.append(v)
13   return V_res
```

图 4.13 因果分析函数的实现代码

```
1  # 定义一个“竞争检测”函数
2  # 输入: 顶点集合 - V
3  # 输出: 子图实例的集合
4  def contention_detection(V):
5    # 构建用于匹配的子图
6    sub_pag = pflow.graph()
7    sub_pag.add_vertices([(1, "A"), (2,"B"), (3,"C"), (4,"D"), (5,"E")])
8    sub_pag.add_edges([(1,3), (2,3), (3,4), (3,5)])
9    # 执行子图匹配算法
10   V_ebd, E_ebd = pflow.subgraph_matching(V.pag, sub_pag)
11   return V_ebd, E_ebd
```

图 4.14 竞争检测函数的实现代码

4.3.4 性能分析范例

性能分析范例是一种特定分析任务的性能分析数据流图。本书将现有的一些典型性能分析方法[19,31,131]总结为内置性能分析范例。例如，MPI 通信分析范例（受 mpiP[19] 工具的启发）、关键路径分析范例（受 Bohme 等[128]和 Schmitt 等[30]工作的启发），以及可扩展性分析范例（ScalAna）等。

本书以可扩展性分析范例为例，说明如何使用 PerFlow 的高级 API 和低级 API 实现性能分析范例。ScalAna（第 3 章）中的可扩展性分析任务首先检测出可扩展性不佳和存在不均衡的代码片段（称为性能问题代码片段），然后通过反向追踪识别性能问题代码片段之间的复杂依赖关系，从而定位可扩展性问题的根本原因。ScalAna 的具体识别过程和算法见 3.3 节。本书将该可扩展性分析任务分解为多个步骤。其中大多数步骤都可以由 PerFlow 的内置分析函数完成，仅需将反向追踪步骤实现为一个用户定义的分析函数。本书还将反向追踪分析函数和其他内置分析函数组合为性能分析数据流图，从而实现 ScalAna 中的可扩展性分析任务。图 4.15 展示了可扩展性分析范例的性能分析数据流图，它包含三个内置分析函数（性能差分分析、热点检测和均衡性分析）、一个用户定义分析函数（反向追踪分析）、一个集合求交集操作和一个分析结果报告模块。

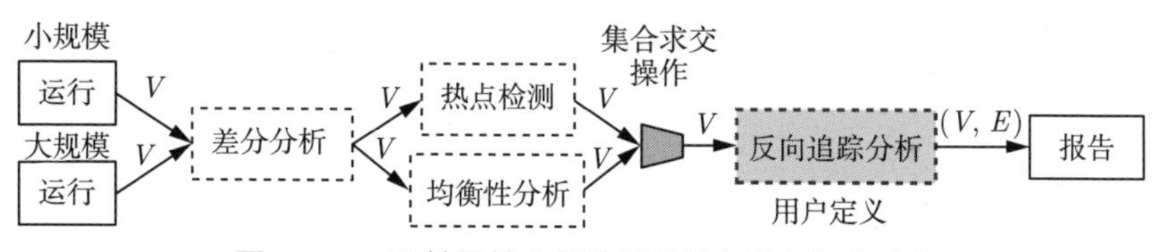

图 4.15 可扩展性分析范例的性能分析数据流图

图 4.16 展示了可扩展性分析范例的实现代码。该范例的实现由两部分组成：

（1）实现反向追踪分析函数。该函数是一个用户定义的分析函数而非 PerFlow 内置分析函数。如图 4.16 所示，反向追踪分析函数通过多个图操作 API 在通信、数据和控制依赖边上实现反向遍历。被使用的图操作 API 包括获取顶点邻边（第 13 行的 v.es）、边筛选（第 13 行、第 16 行、第 18 行和第 20 行的 select）、顶点属性访问（第 14 ~ 15 行和第 17 行的 v[...]）和获取源顶点（第 23 行的 e.src）。

（2）构建性能分析数据流图。使用内置和用户定义的分析函数构建性能分析数据流图。性能差分分析函数（第 28 行）以两次执行（小规模运行和大规模运行）作为输入，输出所有顶点及其性能差异。热点检测函数（第 29 行）输出可扩展性最差的顶点。均衡性分析函数（第 30 行）

输出存在进程间不均衡的顶点。集合求交集操作（第 31 行）将两个集合（热点分析过程和不平衡分析过程的输出）合并，并作为反向追踪分析函数（第 32 行）的输入。最后，检测到的反向追踪路径和潜在的可扩展性问题的根本原因被存储在（V_bt，E_bt）中，报告模块将其输出（第 34 行）。

```
1 # 定义一个"可扩展性分析"范例
2 # 输入: 两次程序运行的程序抽象图 - PAG1, PAG2
3 def scalability_analysis_paradigm(PAG1, PAG2):
4
5   # 第一部分: 定义一个"反向追踪分析"函数
6   # 输入: 存在性能问题的顶点集合 - V
7   # 输出: 反向追踪路径的顶点和边的集合
8   def backtracking_analysis(V):
9     V_bt, E_bt, S = [], [], [] # S用于标记已访问顶点
10    for v in V:
11      if v not in S:
12        S.append(v)
13        in_es = v.es.select(IN_EDGE)
14        while len(in_es) != 0 and v[name] not in pflow.COLL_COMM:
15          if v[type] == pflow.MPI:
16            e = in_es.select(type = pflow.COMM)
17          elif v[type] == pflow.LOOP or v[type] == pflow.BRANCH:
18            e = in_es.select(type = pflow.CTRL_FLOW)
19          else:
20            e = in_es.select(type = pflow.DATA_FLOW)
21          V_bt.append(v)
22          E_bt.append(e)
23          v = e.src
24    return V_bt, E_bt
25
26  # 第二部分: 构建"可扩展性分析"范例的性能分析数据流图
27  V1, V2 = PAG1.vs, PAG2.vs
28  V_diff = pflow.differential_analysis(V1, V2)
29  V_hot = pflow.hotspot_detection(V_diff)
30  V_imb = pflow.imbalance_analysis(V_diff)
31  V_union = pflow.union(V_hot, V_imb)
32  V_bt, E_bt = backtracking_analysis(V_union)
33  attrs = ["name", "time", "dbg-info", "pmu"]
34  pflow.report([V_bt, E_bt], attrs)
35
36 # 使用"可扩展性分析"范例
37 pag_p4 = pflow.run(bin = "./a.out",
38                    cmd = "mpirun -np 4 ./a.out")
39 pag_p64 = pflow.run(bin = "./a.out",
40                    cmd = "mpirun -np 64 ./a.out")
41 scalability_analysis_paradigm(pag_p4, pag_p64)
```

图 4.16　可扩展性分析范例的实现代码

4.3.5　框架的使用方法

PERFLOW 支持用户以两种方式实现特定的性能分析任务，分别是使用性能分析范例和构建性能分析数据流图。

（1）使用性能分析范例

用户可以直接使用内置性能分析范例以获取相关的性能分析报告。图 4.16 的第 37 ~ 41 行给出了一个使用性能分析范例的示例。首先，分别以 4 和 64 两个进程规模运行程序 a.out，并获取对应的程序抽象图 pag_4 和 pag_64，然后将两个程序抽象图直接输入可扩展性分析范例中即可。

（2）构建性能分析数据流图

PerFlow 提供了一个内置分析函数库，用于构建性能分析数据流图。如果用户已经设计了分析任务，4.3.4 节和图 4.16 已经详细介绍了实现过程，包括如何将性能分析任务分解并转化为性能分析数据流图，再通过各级 API 实现分析任务。如果用户不知道如何开展分析，PerFlow 支持一种交互模式进行性能分析。具体地，建议首先使用通用的内置分析函数对程序性能进行分析，例如热点检测。该分析函数的输出将提供一些信息帮助用户确定或设计下一个分析函数。然后用户可以一步一步地将后续分析函数添加到性能分析数据流图中。随着分析的深入，完整的性能分析数据流图也随之生成。

如果内置分析函数不能满足需求，用户需要编写自定义的分析函数，并结合这些用户定义的分析函数与其他内置分析函数，以构建性能分析数据流图。用户定义分析函数的编写过程要求开发人员具备一些基本知识，PerFlow 提供的统一编程抽象只能减少用户实现时的编码开销。对于用户定义分析函数的实现，本书已给出若干实现代码示例（4.3.3 节中有四个示例内置分析函数，图 4.16 中第 5 ~ 24 行的反向追踪分析函数）。

4.4 实验结果

4.4.1 实验配置

（1）实验平台

本章在两个测试平台上进行实验：

①Gorgon：一个 8 节点的小集群，每个节点配备 2 颗 12 核 Intel Xeon E5-2670(v3) 处理器（共计 24 核），主频是 3.1 GHz，内存为 128 GB，通过 100 Gbps 的 IB 网连接。MPI 通信库采用 OpenMPI-3.0.0[124]。

②天河二号：位于国家超算广州中心的超级计算机，共有 16000 节点，每个节点配备 2 颗 12 核 Intel Xeon E5-2692(v2) 处理器（共计 24 核），主频为 2.2 GHz，64 GB 内存，通过自研 TH Express-2 主干拓扑结构网络连接。

在软件方面，PerFlow 使用 Dyninst 工具（10.1.0 版本）[46] 在二进制文件上进行静态分析，使用 PMPI 接口[123]、PAPI 工具（5.4.3 版本）[51] 和 libunwind 库（1.3.1 版本）进行动态分析，并将程序抽象图存储在图系统 igraph（0.9.0 版本）[132] 上。

（2）测试程序

本章使用 NPB 测试集（3.3 版本）[125] 中的 8 个程序（BT、CG、SP、EP、FT、MG、LU 和 IS）、3 个真实应用（Zeus-MP[126]、LAMMPS[133] 和 Vite[134]）和 3 个基于 JASMIN 框架[13] 实现的应用（LinAdvSL、Euler 和 MD）来验证 PerFlow 的有效性和高效性。NPB 测试程序使用 C 数据规模。

（3）实验方法

本章首先测试 PerFlow 的静动态开销和存储开销，该测试在 Gorgon 上以 128 进程规模运行测试程序。因应物研究中心资源限制，本书无法提供 JASMIN 应用的开销数据。其次，本章展示所有测试程序在 128 进程规模下生成的程序抽象图信息，包括自顶向下视图和并行视图。最后，本章对真实应用进行四类性能分析，展示使用 PerFlow 进行自定义分析任务的完整过程。同时，本章以 Zeus-MP 的分析过程为例，将 PerFlow 的分析过程与 4 个工作进行对比，这些工具分别为 mpiP（3.5 版本）[19]、HPCToolkit（2020.12 版本）[18]、Scalasca（2.5 版本）[21] 和 ScalAna（第 3 章）。HPCToolkit 和 PerFlow 使用一致的采样频率，均为 200 Hz。Scalasca 首先使用采样功能筛选插桩位置，然后记录事件轨迹。

4.4.2 开销分析

本书测试所有测试程序（除 JASMIN 框架外）的二进制文件的静态分析开销、动态分析开销和性能数据的存储开销。

（1）静态分析开销

各测试程序的静态分析开销如表 4.1 所示，它的平均分析时长仅为 0.77s（最低为 0.03s，最高为 5.34s），远低于程序的编译时间。例如，对于一个超过 70 万行代码的软件包 LAMMPS 的二进制文件，静态分析仅需 5.34s 即可完成信息提取。

表 4.1　各测试程序的静态分析开销

测试程序	BT	CG	EP	FT	MG	SP	LU	IS	ZMP	LMP	Vite
静态/秒	0.20	0.06	0.03	0.09	0.12	0.19	0.23	0.04	1.50	5.34	0.73
动态/%	0.44	3.73	0.13	1.83	0.92	1.08	1.42	0.03	1.56	0.71	0.03
存储/B	346K	57K	35K	215K	464K	449K	184K	28K	2.4M	22M	1.6M

（2）动态分析开销

在测试动态分析开销时，对所有测试程序，本章均在运行时采集性能监控单元数据和通信数据。如表 4.1 所示，PerFlow 仅引入平均为 1.11%的运行时开销（最低为 0.03%，最高为 3.73%）。动态分析开销的差异通常来源于应用程序通信模式的复杂性差异。应用程序的通信模式越复杂，其动态分析开销越高。例如，CG 的通信模式非常复杂，它用三次点对点通信操作完成了一次全局同步操作。因此，它的动态开销为 3.73%，远高于其他程序。

（3）存储开销

性能数据的存储开销即为程序抽象图的大小，包括图结构和顶点与边属性的大小。表 4.1 展示了 PerFlow 的存储开销。对于所有测试程序，PerFlow 产生的存储开销平均为 2.5 MB（最小为 28 kB，最大为 22 MB）。其中，LAMMPS 软件包的存储开销仅为 22 MB。

4.4.3　程序抽象图信息

表 4.2 展示了实验中所有并行程序的代码量、二进制文件大小及自顶向下视图和并行视图的顶点数与边数。对于并行视图的顶点数和边数，本书统计了所有程序在 128 进程规模下运行时得到的相关数据。PerFlow 以二进制文件为输入，代码量信息只是为了更直观地展示并行程序的代码复杂性。其中，基于 JASMIN 框架实现的 LinAdvSL、Euler 和 MD 应

用因涉密仅提供二进制文件，因此缺少代码量信息。代码量更大的并行程序通常生成更大的二进制文件，其程序抽象图的顶点数和边数也更多。其中，对于超过 70 万行代码的 LAMMPS 软件，程序抽象图并行视图的顶点数和边数达到千万以上。

表 4.2 程序抽象图的基本信息

测试程序	代码量/千行	二进制文件	自顶向下视图		并行视图	
			|V|	|E|	|V|	|E|
BT	11.3	490 kB	3283	3282	420224	462404
CG	2.0	97 kB	321	320	41088	55176
EP	0.6	60 kB	111	110	14208	34360
FT	2.5	222 kB	2904	2903	371712	409128
MG	2.8	270 kB	4701	4700	601728	712432
SP	6.3	357 kB	2252	2251	288256	322364
LU	7.7	325 kB	1566	1565	200448	284780
IS	1.3	37 kB	325	324	41600	69816
ZeusMP	44.1	2.2 MB	11981	11980	1533568	2805760
LAMMPS	704.8	14.67 MB	85230	85229	10909440	16423808
Vite	15.9	2.8 MB	7118	7117	970624	984866
LinAdvSL	—	7.7 MB	287959	287958	36570794	39858624
Euler	—	7.6 MB	178112	178111	22620225	25798208
MD	—	8.6 MB	162158	162157	20594067	23756096

4.4.4 应用案例

本节展示 4 个真实应用场景下使用 PerFlow 进行自定义分析任务的完整分析过程。其中，本章以 Zeus-MP 应用为例，与多个先进工具对比分析的高效性和开发复杂性。

1. Zeus-MP

本书对比 PerFlow 和 4 个先进工具对 Zeus-MP 应用的性能分析过程，展示 PerFlow 的优势。Zeus-MP 是一个计算流体动力学程序，它使用 MPI 编程模型实现了三维空间中天体物理现象的模拟。本章使用 256×256×256 的数据规模在天河二号上运行 Zeus-MP，进程规模从

16~2048。实验结果显示，Zeus-MP 在 2048 进程规模时的可扩展性不佳，其加速比仅为 72.57 倍（16 进程规模为基准）。

1）PERFLOW 的分析过程

本章使用图 4.15 中的可扩展性分析范例对 Zeus-MP 的可扩展性问题进行检测。首先，PERFLOW 在 16 和 2048 进程规模下运行 Zeus-MP，并将对应生成的程序抽象图作为可扩展性分析范例的输入。图 4.17 展示了性能差分分析函数的输出[①]。其中，Loop_10.1、Loop_1.1.1、mpi_waitall_ 和 mpi_allreduce_ 被检测为性能差异最大的顶点，展现出可扩展性不佳。均衡性分析函数输出存在负载不均的顶点，这些顶点在图 4.18 中以黑色方框标记。反向追踪分析函数在可扩展性不佳和呈现出不均衡性的顶点之间搭建关联性路径，以表示性能问题的传播路径，该路径在图 4.18 中标记为红色箭头。最终，bvald_ 中的 loop_10.1 和 newdt_ 中的 loop_1.1.1 被检测为 Zeus-MP 可扩展性问题的潜在根本原因。

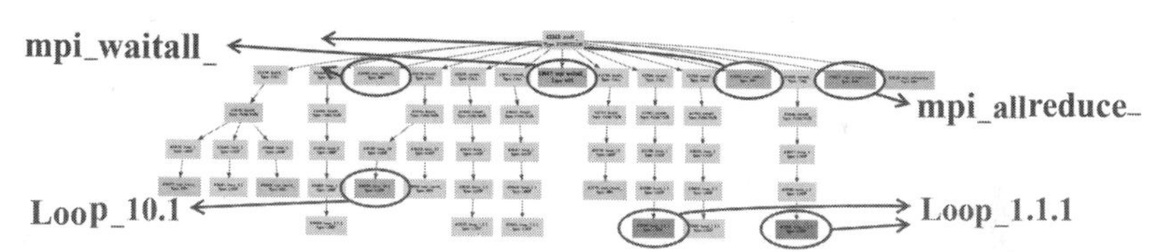

图 4.17　Zeus-MP 应用的性能差分分析结果示意图（见文前彩图）

图 4.19 展示了 Zeus-MP 中 bvald 和 nudt 函数的部分代码。代码片段 loop_10.1（bvald.F 第 358 行）中的负载不均导致了一些进程的 mpi_waitall_（nudt.F 第 227 行）函数中产生等待事件。这些进程中的等待又引发了 mpi_waitall_（nudt.F 第 269 行）的延迟，并继续传播至 mpi_waitall_（nudt.F 第 328 行）。最终，mpi_allreduce_（nudt.F 第 361 行）的全局同步将这些延迟和等待事件显现出来，展现出可扩展性问题。总而言之，一些进程的负载不均衡通过三次非阻塞点对点通信的复杂通信依赖传播至其他进程中，并最终导致了 Zeus-MP 的可扩展性问题。

① 顶点上的文字是顶点对应代码段的相关信息，本书对其中的关键信息进行放大或标注，未放大的部分无需关注。该说明适用于下文中出现的程序抽象图。

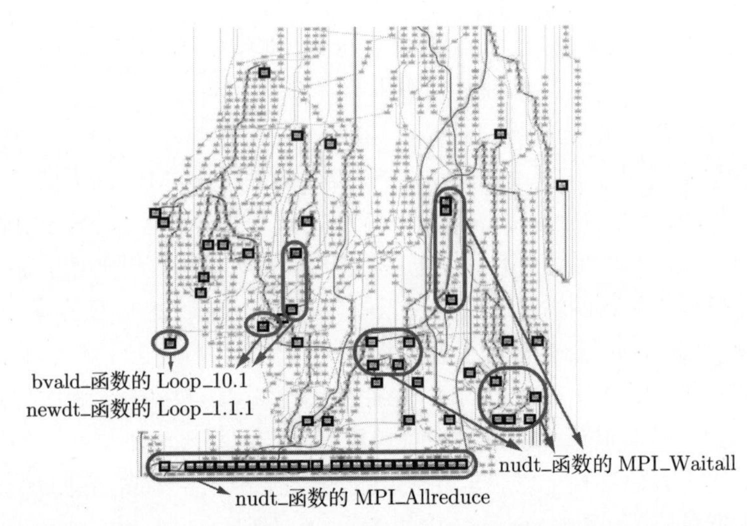

图 4.18 Zeus-MP 应用的 PerFlow 分析结果示意图（见文前彩图）

```
    subroutine bvald (rl1, ru1, rl2, ru2, rl3, ru3, d)
357   do k=ks-1,ke+1                         ! Loop 10
358     do i=is-1,ie+1                       ! Loop 10.1
359       if (abs(nijb(i,k)) .eq. 1) then
360         d(i,js-1,k) = d(i,js  ,k)
361         d(i,js-2,k) = d(i,js+1,k)
391   call MPI_IRECV(d(1,je+j+uu,1), 1, j_slice, n2p ...
399   call MPI_ISEND(d(1,je+j-ll,1), 1, j_slice, n2p ...
    subroutine nudt
207   call bvald  (1,0,0,0,0,0,d) ...
227     call MPI_WAITALL (nreq, req,  stat, ierr) ...
242   call bvald  (0,0,1,0,0,0,d) ...
269     call MPI_WAITALL (nreq, req,  stat, ierr) ...
284   call bvald  (0,0,0,0,1,0,d) ...
328     call MPI_WAITALL (nreq, req,  stat, ierr) ...
361   call MPI_ALLREDUCE(buf_in(1), buf_out(1), 1 ...
```

图 4.19 Zeus-MP 中 bvald 和 nudt 函数的部分代码

2）对比

本章分别使用 mpiP、HPCToolkit、Scalasca 和 ScalAna 在 16 和 2048 进程规模下对 Zeus-MP 的可扩展性问题进行分析。

（1）**mpiP**

该工具生成了通信相关的函数级统计性能数据，包括通信热点情况、通信函数被调用次数、通信消息大小和调试信息等。在 mpiP 的分析报告中，nudt_ 函数中 mpi_allreduce_ 的时间占总运行时间比例在 16 和 2048 进程规模下分别为 0.06%和 7.93%。检测各个通信函数在不同进程规模下的性能差异需要大量手动计算。

（2）**HPCToolkit**

该工具提供了较为细粒度的函数级统计性能数据，并可以自动进行热点分析和性能差异分析。HPCToolkit 可以检测到 mpi_allreduce_ 和 mpi_waitall_ 等代码片段中存在的多个可扩展性问题，但是检测这些可扩展性问题的根本原因仍需要极强的性能分析知识和大量手动分析。

（3）**Scalasca**

该工具是一种基于事件轨迹的性能分析工具，它可以依据完整的事件轨迹日志自动定位可扩展性问题的根本原因。但是，该工具的开销非常高。在 128 进程规模下，以 Scalasca 的规定方法（详见 4.4.1 节）运行 Zeus-MP 时，引入了 56.72%的运行时开销（不包含 I/O 阶段）和 57.64 GB 的存储开销。而 PerFlow 仅引入了 1.56%的动态分析开销和 2.4 MB 的性能数据。

（4）**ScalAna**

PerFlow 的可扩展性分析范例是基于 ScalAna 实现的。如图 4.16 所示，该范例仅使用了 7 个高级 API 接口和 5 个低级 API 接口，共计 34 行代码。然而，ScalAna 会使用多达数千行代码实现此任务。

3）优化

本章通过 3.5.4 节中提及的优化方法对 bvald_ 中 loop_10.1 代码片段的负载不均进行优化。最终，Zeus-MP 在 2048 进程规模下的可扩展性从 72.57 倍提升至 77.71 倍（16 进程规模为基准），在 2048 进程规模下的性能提升了 10.91%。

2. LAMMPS

LAMMPS 是一套面向大规模分子动力学模拟的开源软件包，基于 MPI+OpenMP 混合编程模型实现。本章以 6912000 个分子的数据规模和 2048 进程规模，在天河二号上运行 LAMMPS（输入配置文件为 in.clock.static）。通过简单的性能分析和数据统计，发现通信时间占总时间的比例高达 28.91%。

为了进一步分析 LAMMPS 中存在的性能问题，本书设计了图 4.20 中的性能分析数据流图。该性能分析数据流图针对 LAMMPS 中的通信函数进行均衡性分析，然后反复进行因果分析直到输出结果不再改变，该输出结果表示引起通信问题的根本原因。

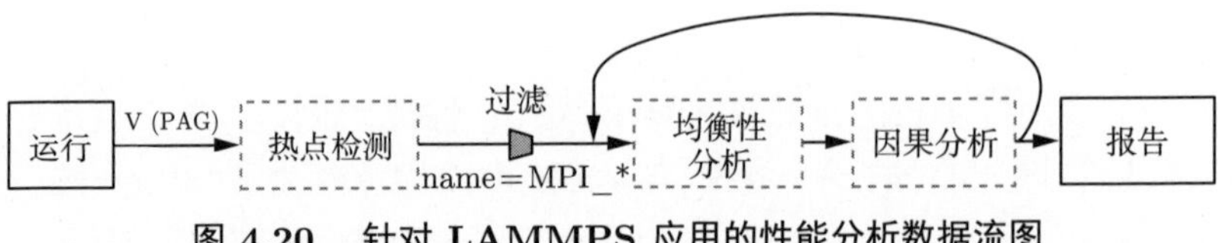

图 4.20　针对 LAMMPS 应用的性能分析数据流图

（1）PerFlow 的分析过程

首先，PerFlow 运行 LAMMPS 并生成对应的程序抽象图，作为图 4.20 中性能分析数据流图的输入。经过热点检测函数和通信函数过滤器之后，MPI_Send 和 MPI_Wait 被检测为通信热点，时间分别占程序总时间的 7.70%和 7.42%。均衡性分析函数进一步从这两个通信函数中检测出运行时间显著高于其他进程的进程。图 4.21 展示了 LAMMPS 的部分程序抽象图并行视图，其中纵向自顶而下表示数据流，横向表示不同的进程。在此图中，每一行的顶点代表相同的代码片段，每一列代表相同的进程。顶点的饱和度代表热点的严重性，即颜色越深，运行时间越长。均衡性分析函数的输出在图中以黑色方框标记。在反复进行因果分析函数之后，输出显示 CommBrick::reverse_comm 中的 MPI_Send 函数（comm_brick.cpp 第 544 行）和 MPI_Wait 函数（comm_brick.cpp 第 547 行）的性能问题是由 PairLJCut::compute（pair_lj_cut.cpp 第 102~137 行）中 Loop_1.1 的性能问题导致的。图 4.21 中给出了因果分析的分析结果，其中加粗的箭头表示不均衡顶点之间的关联性，加粗箭头形成的路径展示了 loop_1.1 中的性能问题是如何传播并影响 MPI_Send 函数和 MPI_Wait 函数的。分析结果表明，性能问题的原因是 loop_1.1 中的负载不均，第 0 号、第 1 号和第 2 号进程的运行时间显著长于其他进程。如图 4.22 所示，每个进程以阻塞发送和非阻塞接收的方式与自己的邻居交换数据。阻塞发送将第 0 号、第 1 号和第 2 号进程中 loop_1.1 的性能问题传播至其他进程中，导致几乎所有进程的 MPI_Send 或 MPI_Wait 的运行时间都相应延长。

（2）优化

上述分析的结果表明，根本原因是 Loop_1.1 中的负载不均，MPI_Send 和 MPI_Wait 中的性能问题只是继发性问题。因此，本书优化的目标是提升 Loop_1.1 中负载的均衡性。本书在输入配置文件中加入 balance 语句（LAMMPS 提供的内置调优语句），在每 250 个迭代步后

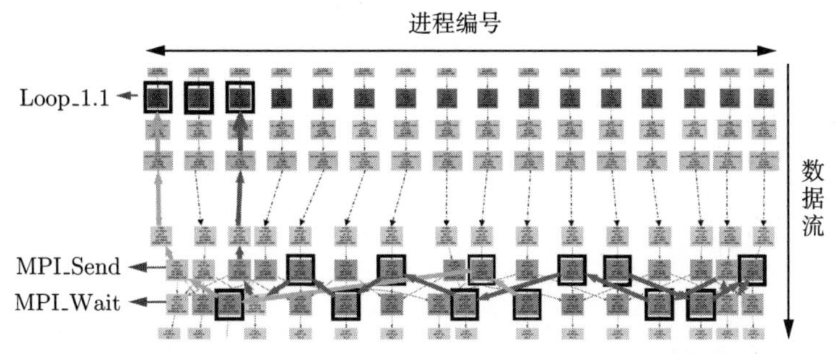

图 4.21　LAMMPS 应用的 PerFlow 分析结果示意图

依据运行结果对子划分域的大小和形状进行了调整，从而使负载更加均衡。通过上述优化，LAMMPS 在 2048 进程规模下的整体性能从 118.89 时间步/秒提升至 134.54 时间步/秒，性能提升了 13.77%，整体通信时间从 28.91%降至 15.63%。

```
void PairLJCut::compute(){
    for (ii = 0; ii < inum; ii++) { // Loop_1
        for (jj = 0; jj < jnum; jj++) {...} // Loop_1.1

void CommBrick::reverse_comm(){
    for (int iswap = nswap-1; iswap >= 0; iswap--) {
        if (size_reverse_recv[iswap]) MPI_Irecv(...);
        if (size_reverse_send[iswap]) MPI_Send(...);
        if (size_reverse_recv[iswap]) MPI_Wait(...);
```

图 4.22　LAMMPS 应用中 compute 和 reverse_comm 函数的部分代码

3. Vite

Vite 是一个分布式应用，使用 Louvain 算法求解社区发现算法，基于混合 MPI+OpenMP 编程模型实现。本章以包含 600000 个顶点和 11520982 条边的有权图作为输入测试 Vite 的性能，运行时使用 8 个进程，并分别测试每个进程使用 2~8 线程时的性能。该实验在 Gorgon 上进行。图 4.23 展示了测试的性能结果，Vite 的性能如图中虚线所示。Vite 的运行时间随着线程数增加没有呈现下降趋势，反而逐渐上升，这意味着 Vite 的线程可扩展性极差。

为了检测 Vite 中存在的性能问题，本书设计了图 4.24 中的性能分析数据流图。该性能分析数据流图设置了多个分支以全面地诊断 Vite 中的性能问题，包括均衡性分析、性能差分分析和竞争检测等。

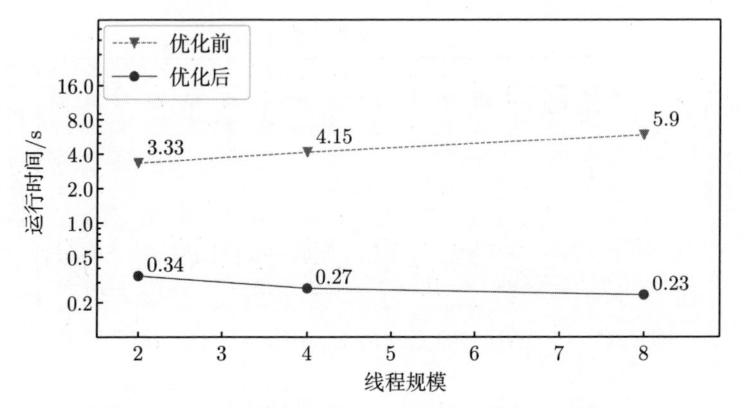

图 4.23 优化前后 Vite 应用的多线程可扩展性图

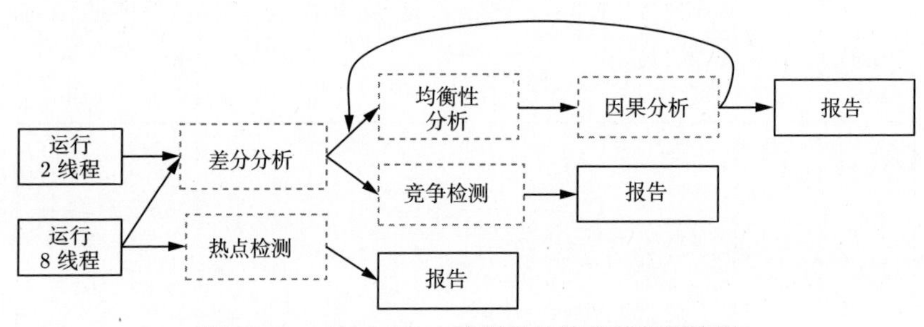

图 4.24 针对 Vite 应用的性能分析数据流图

（1）PerFlow 的分析过程

首先，PerFlow 分别以 8 进程规模的 2 线程和 8 线程运行 Vite，并生成对应的程序抽象图作为性能分析数据流图的输入。图 4.25（a）是 Vite 在 8 进程规模下的部分程序抽象图自顶向下视图，它展示了热点检测函数的输出。顶点颜色的饱和度代表热点的严重程度，即颜色越深，该顶点对应的运行时间越长。如图 4.25（a）所示，Vite 程序包含数十个热点，这些热点大部分是 _Hashtable 的各种操作。性能差分分析函数的结果展示在图 4.25（b）中，其中 distExecuteLouvainIteration 函数中的 _M_realloc_insert 函数调用被检测为性能差异最大的顶点，这意味着它的多线程可扩展性不佳。因果分析函数的结果表明 _M_realloc_insert 函数调用本身以及 _M_emplace 函数调用是上述性能问题的原因。图 4.26 展示了 Vite 在 8 进程规模和 6 线程规模下的部分程序抽象图并行视图。

为了使图更直观地展现线程间性能行为，图中隐藏了进程间的通信依赖边等不相关的边，完整的图远比图 4.26 复杂。图中纵轴自顶而下表示数据和控制流，横向表示不同的进程和线程，这意味着每个顶点代表一个进程内一个线程中的一个代码片段。竞争检测函数在 _M_realloc_insert 函数调用周围检测到资源竞争。圆圈中的子图是在不同进程、线程和代码片段中检测到的资源竞争模式的实例。在放大的子图中，本书观察到 allocate 函数、reallocate 函数和 deallocate 函数调用中存在资源竞争，这些函数被 _M_realloc_insert 函数和 _M_emplace 函数调用。

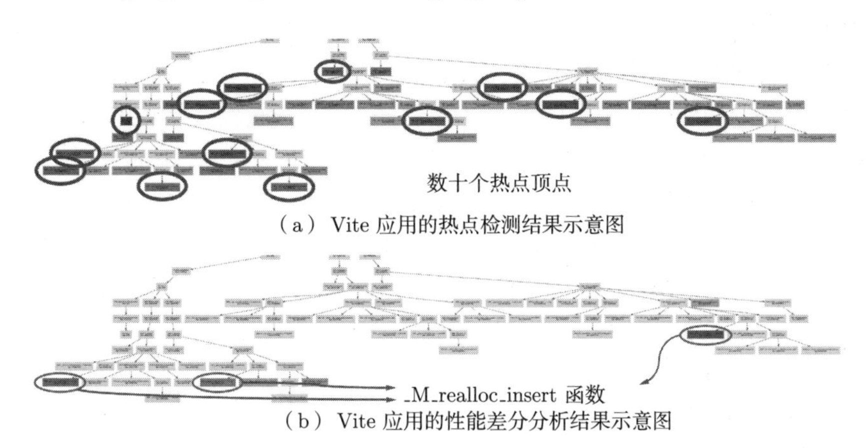

（a） Vite 应用的热点检测结果示意图

（b） Vite 应用的性能差分分析结果示意图

图 4.25　Vite 应用的热点检测和性能差分分析结果示意图

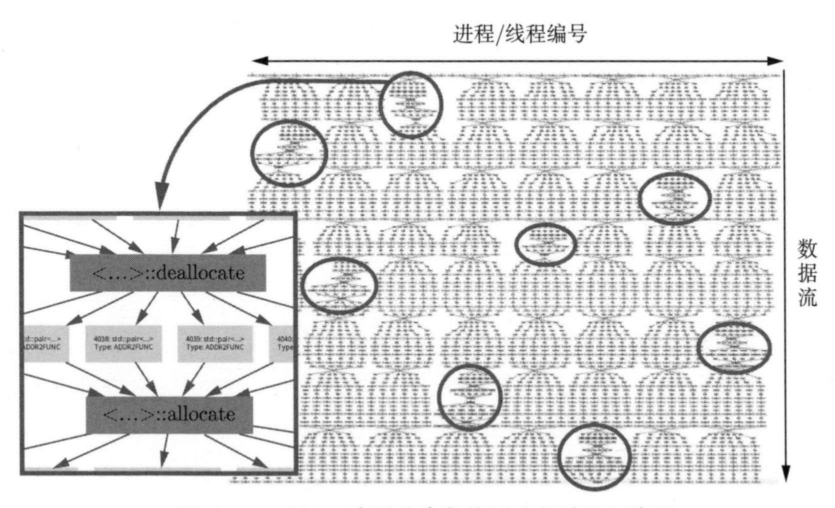

图 4.26　Vite 应用的竞争检测分析结果示意图

经深入分析，本书发现该资源竞争是由内存分配操作的内部实现导致的。当某个线程进行内存分配时，会先进行隐式的加锁操作，然后执行内存分配操作，在操作完成之后再隐式地解锁（此处隐式表示非用户代码中调用锁操作，而是实现在内存操作外部库函数中）。而这些锁会导致内存分配调用中的资源竞争，从而导致性能下降和多线程可扩展性问题。

（2）优化

上述分析结果表明，allocate、reallocate 和 deallocate 等内存分配函数中的资源竞争是产生性能问题的原因。一种优化策略是减少这些内存分配函数的调用次数。本书采用两种方法进行优化：①使用静态线程局部（static thread-local）的栈替换原程序中默认的栈。该方法使栈仅需被初始化一次，从而大大减少了 allocate 函数和 deallocate 函数调用的次数。②将数据结构由unordered_map更换为基于 vector 实现的哈希映射（hashmap）。该方法可有效避免频繁的内存重新分配操作，从而减少 reallocate 函数的调用。具体地，unordered_map使用桶结构存储元素。而元素的频繁增删导致桶的大小需要动态调整，导致了大量的内存重新分配操作。基于 vector 的哈希映射静态地分配内存空间，因此可避免动态时频繁的内存重新分配。

通过上述优化，Vite 的性能和多线程可扩展性得到了显著提高。如图 4.23 所示，实线表示优化后 Vite 的性能。在 8 线程规模下的 Vite 的性能提高了 25.29 倍，加速比从 0.56 倍提高到 1.46 倍（以 2 线程为基准）。

4. JASMIN

JASMIN 框架[13]（J parallel Adaptive Structured Mesh applications INfrastructure,并行自适应结构网格应用支撑软件框架）是一套并行自适应结构化网格应用基础设施,已经成功应用在武器装备研制、大气模式、流体力学以及核模拟等重要科学领域。本书将 PerFlow 部署于北京应用物理与计算数学研究所的生产环境中，并对多个基于 JASMIN 框架的真实应用程序进行分析,包括 LinAdvSL、Euler 和 MolecularDynamics（MD）。对于上述应用，不同问题规模（domain_box）和网格形状（patch_size_x 和 patch_size_y）对程序性能影响巨大。其中，问题规模和计算量直接相关，而网格形状会影响访存特性和进程间通信特性。本书基于 PerFlow 实现对这些应用程序的性能建模分析，帮助程序员选择对性能更友好的问题规模与网格形状参数。接下来介绍建模方法、模型分析及模型如何指导参数调优。

（1）建模方法

程序中不同的代码段有不同的性能行为，包括计算性能、访存特性和通信特性等。为更准确地理解程序性能，需区分不同代码段并分别分析它们的性能行为。此外，由于代码段间存在复杂的依赖关系，程序的整体性能并非是所有代码段性能的简单累加。本书基于程序抽象图的自顶向下视图进行建模，其核心思想是为每个顶点构建一个子模型，并依据程序结构将子模型合并为程序整体模型。具体步骤如下：

顶点建模。本书首先为程序抽象图自顶向下视图中的每个顶点建立一个子模型，以描述顶点对应代码段的独有特性。顶点子模型基于 EPMNF 范式[69] 构建。

整体建模。本书运用了一种基于图的自底向上建模方法构建程序的整体模型。该方法从叶子顶点开始遍历至根顶点，同时进行逐层合并。如果代码段间的依赖和交互对性能有较大影响，该方法会将这些代码段视为一个整体，并重新基于 EPMNF 范式和这些代码段整体的性能数据构建模型。具体地，本书为每个非叶子顶点生成两个模型，分别是所有孩子顶点子模型的累加及将孩子顶点视为一个整体而建立的模型。然后，本书通过交叉验证选择两者中精度更高的模型，表示该顶点的性能行为。

使用 PerFlow 实现该建模方法（包括性能数据采集和离线建模分析）仅需 37 行 Python 代码，其中包括 7 个高级接口和 12 个低级接口。

（2）模型分析

本书以 domain_box、patch_size_x 和 patch_size_y 为输入参数建立上述模型。首先，对 3 项输入参数各取 5 个值，得到 5^3 种输入参数组合。然后，针对这 125 种参数组合，分别在 64 进程规模下运行应用程序。PerFlow 在运行程序的同时，低开销地收集每次运行的循环级细粒度性能数据。本书将所有性能数据中的 60 组作为训练集，剩余的 65 组作为测试集。接下来，通过训练集中的实测性能数据训练模型。最后，本书用测试集的性能数据对模型的准确性进行了验证。

图 4.27 展示了 Euler 生成的程序抽象图自顶向下视图，不同颜色表示不同类型的代码段（循环、通信、外部调用等），色彩饱和度代表热点的严重性。表 4.3 展示了各应用程序的热点函数和模型精度。Euler 的热点函数包括 trace2d_ 函数、flaten2d_ 函数等，其模型准确性高达 97.21%，3 个应用程序的平均精度为 95.92%。

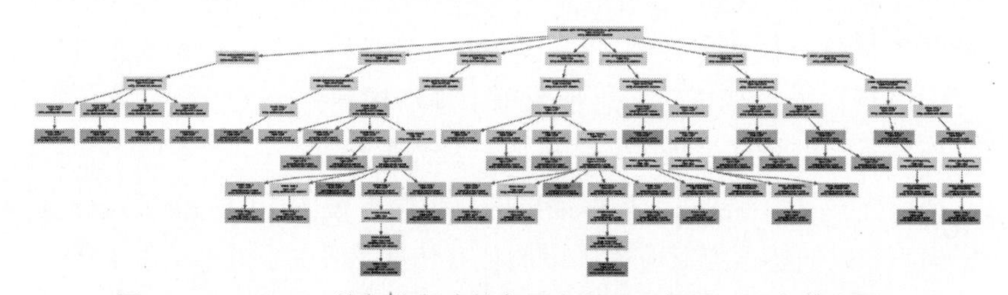

图 4.27　Euler 的部分程序抽象图自顶向下视图（见文前彩图）

表 4.3　JASMIN 应用的热点和模型精度

应用	热点函数	模型精度
LinAdvSL	conspatch_、advancepatch_	94.37%
Euler	trace2d_、flaten2d_、gasldapproxrp_、godunovchartracing2d_、godunovfluxcalculation2d_	97.21%
MD	updateparticles_	96.20%

（3）性能模型指导的参数调优

上述模型可协助程序员进行参数调优。本书以 MD 为例进一步描述参数调优过程。图 4.28 展示了当问题规模为 1600 时，所有合法网格形状[①]对应的预测和实测性能对比。图中蓝色曲面代表 MD 模型的预测性能，曲面上的蓝色圆点代表所有合法网格形状下的预测性能，绿色“×”代表对应的实测性能。MD 的模型分析结果表明，性能最优的网格形状参数 patch_size_x 和 patch_size_y 分别为 800 和 40。本书在 64 进程规

① JASMIN 框架对网格形状有一些特定限制，本书将满足条件的网格形状称为合法网格形状。

模上使用 patch_size_x= 800 以及 patch_size_y= 40 运行 MD，其执行时间为 10.54s，与预测时间（10.94s）相比，误差仅为 3.80%。

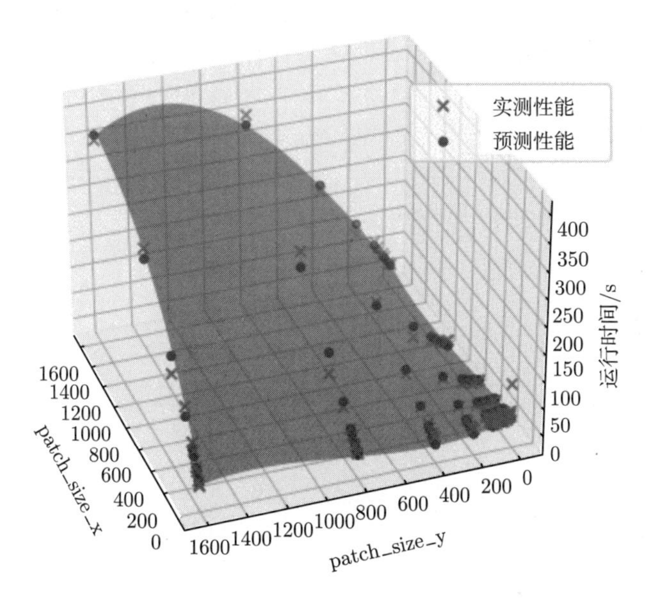

图 4.28　MD 的建模结果（见文前彩图）

4.5 小　　结

本章提出了一套面向性能分析的领域特定编程框架 PerFlow，以降低程序员开发性能分析工具的编码复杂性。PerFlow 提出了基于数据流的编程抽象，允许程序员以数据流图描述性能分析过程，数据流图的每个顶点是一个性能分析子任务。PerFlow 提供丰富的内置分析子任务，同时也支持用户自定义分析子任务。PerFlow 使用程序抽象图表示并行程序的性能行为，然后提供图操作和图算法等低级编程接口，用于访问和分析程序性能。用户可以使用低级编程接口定义性能分析子任务。同时，PerFlow 还提供了一些性能分析范例，通过特定的性能分析数据流图，实现一些常见的性能分析任务。用户可以直接使用分析范例进行性能分析。此外，PerFlow 基于二进制文件进行分析，更适用于复杂应用和生产环境。本书使用典型的基准测试程序和真实应用程序（最大超过 70 万行）评估 PerFlow 降低开发复杂性的能力。实验结果表明，PerFlow 可以有效地简化性能分析任务的编码实现，以数十行代码实现各种复杂性能分析任务。此外，本书将 PerFlow 部署于北京应用物理与计算数学研究所的生产集群上，对 JASMIN 应用进行分析并指导参数调优。

第 5 章　异步策略感知的精确性能建模

第 3、4 章介绍了大规模并行程序的性能分析技术。通过性能分析技术定位性能瓶颈后，程序员需要在并行程序上实施针对性的优化，从而提升性能。对于并行程序，计算代码段的性能优化策略相对成熟。例如，针对负载不均的优化策略是进行预处理等操作，将数据和负载划分得尽可能均匀；针对计算部分运行时间长的问题，可以通过异构加速器件进行加速。然而，并行程序中内存访问和通信等数据移动受硬件带宽等条件限制，性能优化相对困难。在现代大规模异构系统上，一种常见的数据移动优化手段是通过异步策略实现计算通信重叠。该方法从并行程序的数据依赖中挖掘出异步机会，使得计算和通信得以同时进行。并行程序的数据依赖通常非常复杂，可以依据这些依赖关系设计出各种各样的异步策略。程序员需要在这些异步策略中选择优化效果最佳的策略。一种方案是编码实现所有异步策略，再进行性能测试，择其最优。这对于程序员是一种巨大的负担，同时也造成了大量资源浪费。因此，在编码实现异步策略之前，预估异步策略带来的优化效果是必要且困难的。其困难主要来源于硬件环境的复杂性（网络架构、异构处理器等）和应用程序的复杂性（数据依赖、通信模式等）。

传统的性能预测方法主要分为两类，分别是建模和模拟技术。建模技术的预测开销很低，但往往无法有效评估复杂应用的性能。模拟技术包括时钟执行驱动模拟（execution-driven）和事件轨迹驱动模拟（trace-driven）。前者的预测精度可以达到周期精确，但是其预测效率非常低，无法针对大规模并行程序进行预测。后者的模拟粒度相对较粗，实现了预测精度和效率之间的权衡，适合大规模并行程序的性能预测。本书的方法借鉴了事件轨迹驱动模拟的思想。

为了有效地指导程序员选择合适的异步策略，本书提出了一个异步策略感知的精确性能建模技术 ASMOD（asynchronous strategy-aware MODeling），通过性能分析技术指导性能优化。本章基于该建模技术实现了典型科学应用程序 HPL（high performance linpack）的性能建模，并在超过 400 万核规模的大规模系统上进行模型评估。本章有以下三点技术创新：

（1）通过性能解耦技术将并行程序的性能分解为代码段内性能和受异步策略影响的代码段间性能。

（2）通过解析—统计结合的建模技术提升模型的准确性，并使用层次化建模技术保障模型的可移植性。

（3）将并行程序的异步策略表示为有向图，并提出了基于图的硬件感知异步模拟算法预测并行程序在特定异步策略和特定硬件平台上的性能。支持模型以异步策略作为输入，预测并行程序在不同异步策略下的性能。

本章 5.1 节给出 ASMOD 的整体框架，5.2 节描述并行程序代码模块的建模方法，5.3 节介绍如何感知异步策略并预测程序整体性能，5.4 节介绍典型的科学应用 HPL，5.5 节展示相关实验数据，5.6 节对本章进行总结。

5.1 整体框架

本书提出了一种异步策略感知的精确性能建模技术 ASMOD。程序员通常依据程序中的数据依赖关系设计异步策略。为了分析异步策略对性能的影响，本书将并行程序按照其代码逻辑分为多个模块，模块之间存在数据依赖。模块的粒度可以是指令级、循环级、函数级或算法级等。模块粒度越细，预测精度越高，但预测效率越低。ASMOD 将性能解耦为模块内性能和受异步策略影响的模块间性能。首先使用解析—统计结合的建模技术和层次化建模技术，对模块内性能进行建模，保证模型的准确性和可移植性。之后使用基于图的硬件感知模拟技术，分析模块间异步策略对性能的影响，从而预测并行程序的整体性能。

如图 5.1 所示，ASMOD 由两个部分组成，分别为模块内建模和模块间模拟。在模块内建模中，本书使用层次化建模技术保证模型的可移植性，并采用解析—统计结合的建模技术提升模型的准确性。在模块间模拟中，本书首先将并行程序的异步策略表达为有向图，然后设计了一种硬件感知的图算法以模拟模块间异步策略对性能的影响，从而预测程序的整体性能。图 5.1 给出了 ASMOD 系统框架。以下对 ASMOD 中的核心技术进行详细描述：

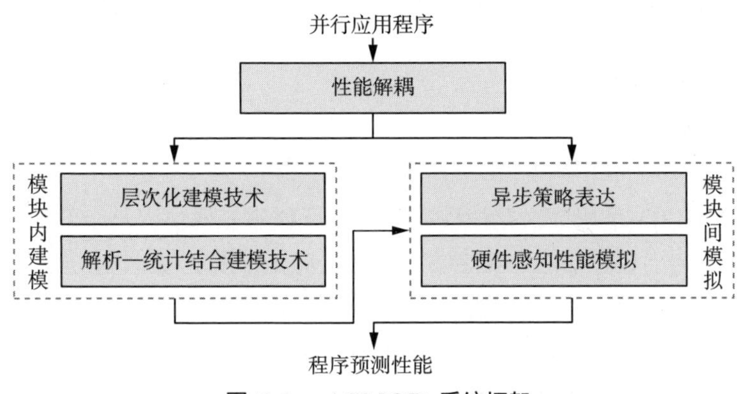

图 5.1　ASMOD 系统框架

1）模块内建模

（1）层次化建模技术（5.2.1 节）。该技术为每个模块建立层次化模型，模型包括应用层、软件层和硬件层。层次化模型可以使模型具有较高的可移植性。

（2）解析—统计结合的建模技术（5.2.2 节）。在建立模块的性能模型时，本书以解析模型为模型主体，并结合统计模型的思想提升模型的准确性。解析模型能够保证模型的整体趋势，统计模型的参数可以提升模型在真实场景下的准确性。

2）模块间模拟

（1）异步策略表达（5.3.1 节）。为了将异步策略作为可变参数输入模型，本书基于有向图表示模块间的异步策略，有向图中的点表示各个模块，边表示模块间的数据依赖。通过该表达，用户可清晰地描述异步策略。

（2）硬件感知性能模拟技术（5.3.2 节）。该技术以硬件资源为约束设计图算法，结合模块内性能模型和异步策略有向图，以预测整体性能。该模拟技术利用图分析技术实现高效的性能模拟和预测。

5.2 模块内建模

本书首先通过模块内建模建立各个模块的性能模型。为了使模块内模型兼备准确性和可移植性，本书使用两项建模技术，分别是层次化建模技术和解析—统计结合的建模技术。本节将展开介绍两种技术的核心思想和具体实例。

5.2.1 层次化建模技术

ASMOD 采用层次化建模技术将并行程序各模块内复杂的性能行为分解至不同的模型层中。经观察，本书发现在各模块中，硬件配置、软件环境和应用代码相对独立地影响性能。因此，如图 5.2 所示，本书将模块内模型分为三层，分别是硬件层、软件层和应用层。

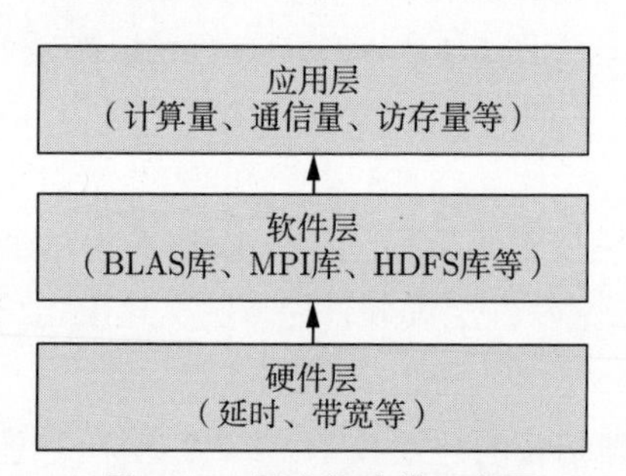

图 5.2 层次化建模示意图

硬件层以目标集群的硬件参数为输入，输出关键性能指标的理论值。其中硬件参数输入包括频率、SIMD 宽度、总线宽度等，输出指标包括峰值浮点性能、内存访问带宽、网络延迟等。例如，硬件层中的网络延迟模型考虑集群的网络拓扑造成的不同通信距离，带宽模型考虑单节点内多进程同时进行数据移动操作所造成的网络拥塞。

软件层针对软件库进行建模。该层以硬件关键性能的理论值为输入，输出软件库的理论性能。其中软件库包括数学计算库（BLAS 库、LAPACK 库等）、通信库（MPI 库、ucx 库等）和 IO 库（HDFS 库等）。

应用层针对模块内代码的性能相关特性进行建模。应用层以应用程序的输入参数为输入，输出为计算量、访存量、通信量和 I/O 量。应用程序通常包含大量的输入参数，选择其中与计算、通信、访存和 I/O 密切相关的参数至关重要，并通常需要模型设计者具备对应用程序的深入理解。本书对各模块内代码的结构进行分析，以建立各模块的应用层模型（具体建模方法在 5.2.2 节中介绍）。

层次化建模技术主要有两方面好处。一方面，层次化建模技术可以降低建模过程的复杂性。软硬件和应用之间存在性能互扰，而层次化模型将上述多方面对性能的影响分解在各个模型层中，使得每一个模型层仅需要考虑一个方面的性能影响（在 5.3.2 节中将综合考虑硬件和应用之间的性能影响），在每个模型层内建立模型的复杂性相对更低。另一方面，层次化建模技术可以提升模型的可移植性。当软硬件环境变化时，用户只需替换对应模型层中的特定模型，即可实现模型的移植。例如，当通信库由 OpenMPI[124] 更换为 MPICH[135] 时，用户仅需替换软件层中的通信相关模型，而不用修改其他模型层。

层次化建模技术在带来上述好处的同时，同时也引入了更多的性能参数。原始的建模技术仅需要建立性能与软硬件参数之间的表达式，而层次化建模引入了各层次之间的性能参数。本书在选择层次间性能参数时，主要考虑与计算、访存、通信和 I/O 相关的性能参数。具体地，应用层与软件层之间选择计算量、访存量、（每次通信的）通信量、通信次数和 I/O 量作为性能参数。软件层与硬件层之间选择与计算相关的浮点计算性能、与访存性能相关的访存带宽、与通信相关的通信带宽和延时以及与 I/O 性能相关的 I/O 带宽作为性能参数。此外，在针对特定应用程序建模时，可加入更具体的性能参数，以实现更精确的建模。例如，对于稀疏应用的建模，可以在应用层与软件层之间加入重用距离（reuse distance）作为衡量访存局部性的指标。

5.2.2　解析—统计结合的建模技术

解析建模和统计建模是现有最主流的两种建模技术。解析建模技术建立了一种白盒模型，该模型依据算法实现的机理分析建立数学表达式。解析模型可以体现性能随参数变化整体趋势。但在真实场景中，运行时的各方面不确定因素对性能的影响和干扰却无法被该模型感知。统计建模技术则是建立一种黑盒模型，该模型通过数学模型拟合实测数据。统计模型的预测结果通常更贴近真实性能，但该模型因为完全依赖实测数据而不具备可解释性。本书使用解析—统计结合的建模技术构建更贴近真实性能的模块内模型。该技术以解析模型为基础，同时引入统计模型的思想对模型进行校准。层次化建模技术将模块内性能拆解为三层模型。本书采用解析建模构建应用层和硬件层模型，采用解析—统计结合的建模技术构建软件层模型。

本书以某个通信模块为例描述解析—统计结合的建模技术。大规模集群上的网络架构非常复杂，通信消息在拓扑网络中传递时的性能受到各种不确定性因素干扰。为了构建贴近集群实际性能的通信模块模型，ASMOD 在应用层建立解析模型，通过代码实现的机理分析，建立输入参数与通信参数之间的数学表达式。式(5.1)和式(5.2)分别展示了应用层中消息大小 s 和通信次数 c 与软件输入参数 NB 和 P 的数学公式。

$$s = 2 \times NB \tag{5.1}$$

$$c = NB \times \log P \tag{5.2}$$

在软件层中，ASMOD 以 α-β 解析模型为基础，并在模型中加入了多个超参数以微调模型。如式(5.3)所示，通信模块的软件层解析模型中加入了超参数λ_1 和λ_2，本书通过通信库的实测性能拟合确定该超参数。

$$T(s, c) = c \times \left(\lambda_1 \alpha + \lambda_2 \frac{s}{\beta}\right) \tag{5.3}$$

硬件层模型以解析方式计算大规模集群上理论通信延迟和带宽。例如，式(5.4)结合节点间的通信距离计算通信延迟α，式(5.5)依据单节点的通信进程数计算网络带宽β。

$$\alpha = n_{\text{通信距离}} \times \alpha_{\text{节点间 1—跳}} \tag{5.4}$$

$$\beta = \min\left(\frac{\beta_{\text{节点}}}{n_{\text{节点内进程数}}}, \beta_{\text{处理核}}\right) \tag{5.5}$$

在进行模块内性能预测时，需要将应用层和硬件层模型代入软件层模型中，才能得到模块内的性能模型公式。

5.3 模块间模拟

基于上述模块内性能模型，本书进一步使用模块间模拟技术预测特定异步策略下程序的整体性能。本节介绍用户表示特定异步策略的方法和模拟特定异步策略下并行程序整体性能的方法。

5.3.1 异步策略表达

ASMOD 是一个异步策略感知的精确性能建模技术，需要异步策略以特定形式作为输入参数输入模型，从而预测不同异步策略下的应用整体性能。考虑到异步策略中的复杂数据依赖是影响性能的关键因素，本书以有向图表示异步策略，有向图中的顶点和边的含义如下：

（1）顶点

顶点 v 代表应用程序中的代码片段。顶点的粒度可以影响预测的精度。理论上，有向图中的顶点表示各种粒度的代码片段，包括算法模块、函数、循环等。顶点的粒度越细，预测结果的准确性越高，但同时也会引入更大的预测开销。对于算法级粒度的模块，在一些细粒度异步策略中，往往需要将算法模块进行划分后再进行异步流水线执行。为支持细粒度的异步策略，ASMOD 允许有向图中的顶点表示划分后的子模块。例如，对于一个矩阵乘法模块，矩阵可被划分为多个块进行操作，其中每个块的矩阵乘法均可作为有向图中的顶点。此外，顶点的标签记录该顶点所需的硬件资源，包括加速器、CPU、网络、PCIe 等。顶点的属性记录模块模型的应用层中的公式，包括计算量、通信量和内存访问量等。

（2）边

每条边 $e=(v_{\mathrm{src}}, v_{\mathrm{dest}})$ 表示v_{src} 和v_{dest} 之间的数据依赖关系。应用程序的各模块之间存在依赖关系，一些（子）模块需其他（子）模块执行之后才能执行。这些数据依赖关系在有向图中以边的形式表达。对于一些应用中的循环迭代，ASMOD 通过边属性支持表示迭代轮之间的数据依赖关系。

5.3.2 硬件感知性能模拟

基于上述异步策略有向图，本书提出了一种硬件感知的模拟算法，是 ASMOD 的关键创新之一。硬件感知的模拟算法在预测程序的整体性能时，考虑应用程序的复杂数据依赖和硬件资源限制。该算法基于异步策略有向图设计了图算法，在异步策略有向图上进行正向遍历，即沿着数据、控制依赖边进行性能模拟。同时，ASMOD 以硬件资源限制作为图算法的约束条件，在模拟过程中考虑硬件资源的使用情况。算法 5.1 展示了硬件感知的性能模拟算法，模拟算法的具体过程如下：

算法 5.1 硬件感知的性能模拟算法

输入: 异步策略有向图 $\mathbb{G}$

输出: 预测性能 T_{pred}

1 $\mathbb{W} \leftarrow \varnothing$; // 等待队列
2 $\mathbb{E} \leftarrow \varnothing$; // 执行队列
3 $T_{\text{pred}} \leftarrow 0$;
  // 从根顶点开始模拟
4 $\mathtt{v}_{\text{root}} \leftarrow$ 层次化模型预测的模块时间;
5 将 $\mathbb{G}$ 的根顶点 v_{root} 加入执行队列 $\mathbb{E}$;
6 占用顶点 v_{root} 的硬件资源 ;
7 **while** $\mathbb{E} \neq \varnothing$ **do**
    // 模拟至执行队列中最先结束的顶点的结束时刻
8     $v \leftarrow$ 执行队列中最先结束的顶点 ;
9     $T_{\text{pred}} \leftarrow T_{\text{pred}} + v.\mathtt{t}$;
10   **forall** e $\in \mathbb{E}$ **do**
11   e.t $\leftarrow$ e.t - v.t ;
12   将顶点 v 移出执行队列 $\mathbb{E}$;
13   释放顶点 v 的硬件资源 ;
    // 数据依赖限制分析
14   **forall** d $\in$ 顶点 v 所有出边的目的顶点 **do**
15   将顶点 d 加入等待队列 $\mathbb{W}$ 中 ;
    // 硬件资源限制分析
16   **forall** $w \in \mathbb{W}$ **do**
17   **if** 顶点 w 所需要的硬件资源都处于空闲状态 **then**
18   w.t $\leftarrow$ 层次化模型预测的模块时间 ;
19   将顶点 w 加入执行队列 $\mathbb{E}$ 中 ;
20   占用顶点 w 的硬件资源 ;
21 **return** T_{pred} ;

（1）从异步策略有向图的根顶点开始模拟，将根顶点加入执行队列中。

（2）模拟至执行队列中最先结束的顶点的结束时刻，并将该顶点所有出边的目的顶点加入等待队列。

（3）查询等待队列中数据依赖和硬件资源均满足条件的顶点，将该顶点加入执行队列中。

（4）反复执行（2）和（3），直至执行队列中不再有顶点为止，输出模拟性能。

本书进一步以图 5.3 中的一个示例，描述硬件感知的性能模拟算法的模拟过程。①首先，从根顶点 a 开始，将其加入执行队列中。②模拟至顶点 a 的结束时刻，数据依赖限制分析表明顶点 b 和 c 已经准备好并等待执行。同时，顶点 b 和 c 所需的硬件资源处于空闲状态，因此顶点 b 和 c 开始执行。③接下来模拟至顶点 c 的结束时刻，顶点 e 准备就绪。但是顶点 e 需要 GPU 设备，而该设备被顶点 b 占用，因此顶点 e 无法开始执行。④继续模拟直至顶点 b 运行结束，此时顶点 d 已准备好执行。处于等待队列的顶点 d 和 e 所需的硬件资源处于空闲状态，两个顶点都开始执行。⑤继续进行模拟，直至执行队列中上没有顶点。

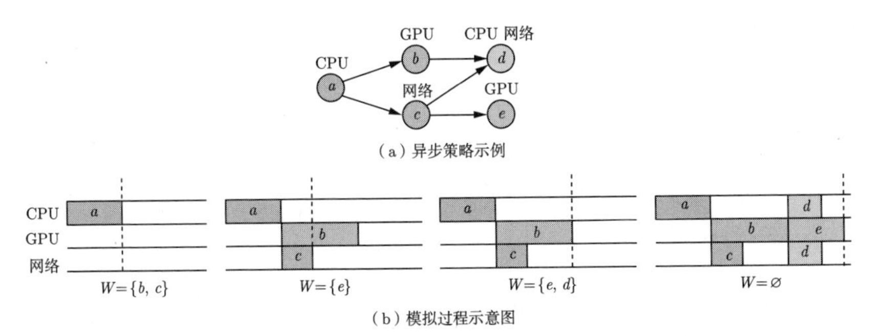

图 5.3　硬件感知的性能模拟算法的模拟过程示意图

5.4　HPL 分析

5.4.1　HPL 介绍

HPL 是一个典型的科学计算应用[136]，同时也是 TOP500 排行榜所依据的基准测试程序[16]。HPL 通过 LU 分解求解 $\boldsymbol{A}x=b$。HPL 的性能指标为每秒完成的浮点操作次数（floating-point operations per second, FLOPS），该指标由浮点计算总量除以运行时间得到。对于给定问题规模 N，HPL 的浮点计算总量可以通过式(5.6)计算得到，而允许时间需要在 HPL 运行时进行实际测量。

$$\text{HPL 浮点计算点量} = \frac{2}{3}N^3 + 2N^2 \tag{5.6}$$

（1）HPL 数据划分

HPL 求解的矩阵通常非常巨大，无法存储在单节点内存上。因此，HPL 通过一种特殊的排布方式实现矩阵的分布式存储。具体而言，矩阵 $\boldsymbol{A}$ 首先划分为多个块矩阵，并以块循环的策略分布在进程网格上。如图 5.4（a）所示，$N \times N$ 的矩阵被划分为大小为 36 个 $NB \times NB$ 的块矩阵，每个块矩阵依次存储在 2×3 的进程网格上，不同颜色表示不同的进程。图 5.4（b）展示了每个进程实际存储的块矩阵。

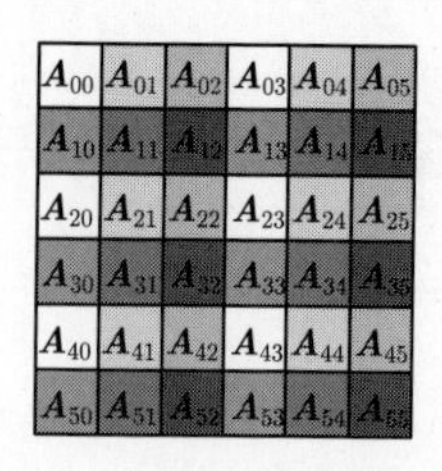

（a）矩阵的块划分

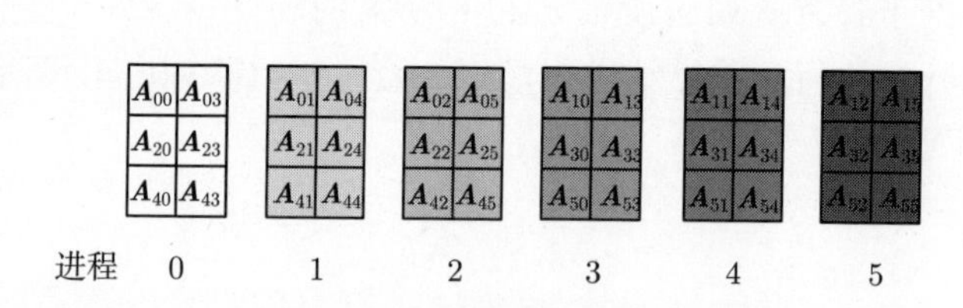

（b）各进程中的块矩阵

图 5.4 HPL 数据划分示意图

（2）HPL 算法

在每次迭代中，HPL 分解矩阵的 NB 列，并更新剩余的子矩阵。如图 5.5 所示，HPL 中的一次迭代主要包括四个步骤：①分解：对蓝色矩阵块 $\boldsymbol{L}$ 进行分解。②广播：蓝色矩阵块 $\boldsymbol{L}$ 通过广播操作，通信至其他进程中的列中。③行交换：主元行通过行交换，更换至红色矩阵块 $\boldsymbol{U}$ 中。④更新：使用蓝色矩阵块 $\boldsymbol{L}$ 和红色矩阵块 $\boldsymbol{U}$ 进行稠密矩阵乘法，以更新灰色矩阵块 $\boldsymbol{A}$。

（3）HPL 的软件输入参数

HPL 提供若干软件输入参数，支持程序员通过修改输入参数适配目标集群的硬件特性。这些软件输入参数与数据布局和计算顺序相关联，因而对 HPL 的运行时性能有重大影响。表 5.1 给出了 HPL 的部分软件参数及其对应的含义。

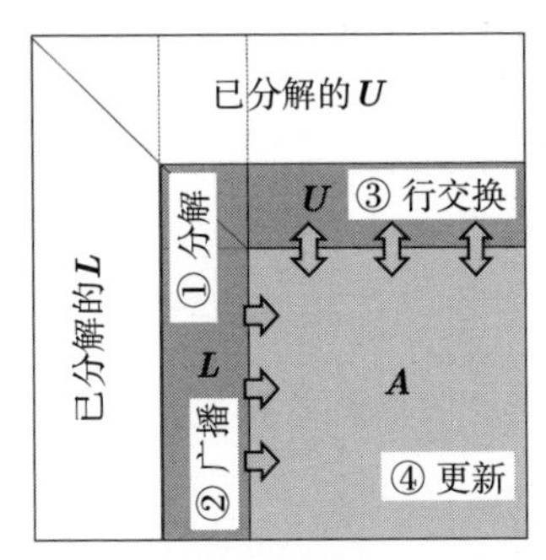

图 5.5　HPL 算法示意图（见文前彩图）

表 5.1　HPL 部分软件参数列表

软件参数	具体含义
P	描述进程网格的行数
Q	描述进程网格的列数，进程规模应等于 $P\times Q$
N	问题规模，表示求解 $N\times N$ 的矩阵
NB	分块大小，表示将矩阵划分为 $NB\times NB$ 的块矩阵，并在每一轮迭代中分解 NB 列
BCASTs	广播算法，包括 1rg、1rM、2rg、2rM、Lng、LnM 算法
SWAP	行交换算法，包括 bin-exch、long、mix 算法
DEPTHs	前瞻深度（loop-ahead depth），用于表示不同的异步策略，具体含义为提前几轮迭代进行分解操作

5.4.2　HPL 各模块的模块内模型

本书对分解、广播、行交换和更新四个模块分别建立了模块内性能模型。本节给出各模块的在应用层、软件层的具体数学表达式。

（1）应用层模型

表 5.2 展示了分解、广播、行交换和更新模块（每一轮迭代）的应用层模型，列出了计算量、访存量、（每次通信的）通信量和通信次数与软件输入参数的数学关系。其中 mp 和 nq 分别表示每轮迭代中每个进程处理的行数和列数，它们与输入参数 P、Q、N、NB 及当前迭代轮次相关。

对于广播和行交换模块，不同的通信算法的通信量和通信次数不同，本书仅列举出部分常用算法对应通信量和次数的数学表达式。

表 5.2 HPL 各模块的应用层模型

模块	应用层特性	模型
分解	计算量	$V_{\mathrm{comp}} = mp \times NB^2$
	访存量	$V_{\mathrm{mem}} = (mp + NB) \times NB$
	通信量	$V_{\mathrm{comm}} = 2 \times NB$
	通信次数	$C_{\mathrm{comm}} = \log P$
广播	通信量	$V_{\mathrm{comm}} = mp \times NB$
	通信次数	$C_{\mathrm{comm}} = \begin{cases} \dfrac{Q-1}{2}, & \text{1Ring} \\ \dfrac{\log Q}{2} + \dfrac{1}{Q} + 1, & \text{Long} \end{cases}$
行交换	通信量	$V_{\mathrm{comm}} = \eta \times nq \times NB,\quad \eta = \begin{cases} 2, & \text{bin-exchange} \\ 3, & \text{spread\&roll} \end{cases}$
	通信次数	$C_{\mathrm{comm}} = \dfrac{\log P}{P} + 2$，Long
更新	计算量	$V_{\mathrm{comp}} = 2 \times mp \times nq \times NB$
	访存量	$V_{\mathrm{mem}} = 2 \times mp \times NB$

（2）软件层模型

软件层结合应用层特性和硬件层特性预测特定库的性能。式(5.7)、式(5.8)和式(5.9)分别为计算时间、访存时间和通信时间的数学表达式。其中，式(5.7)中的 P_{peak} 表示峰值性能，E 表示对应计算函数（如 gemm、trsm 等）的计算效率；式(5.8)中的 α_{mem} 和 β_{mem} 分别表示内存访问的延时和带宽；式(5.9)中的 α_{net} 和 β_{net} 分别表示网络的延时和带宽。

$$T_{\mathrm{comp}} = \frac{V_{\mathrm{comp}}}{P_{\mathrm{peak}} \times E} \tag{5.7}$$

$$T_{\mathrm{mem}} = \alpha_{\mathrm{mem}} + \frac{8 \times V_{\mathrm{mem}}}{\beta_{\mathrm{mem}}} \tag{5.8}$$

$$T_{\mathrm{comm}} = C_{\mathrm{comm}} \times \left(\alpha_{\mathrm{net}} + \frac{8 \times V_{\mathrm{mem}}}{\beta_{\mathrm{net}}}\right) \tag{5.9}$$

式(5.10)给出了总时间的计算公式，该公式考虑了目前主流 CPU 架构上计算和访存间的流水线重叠。在 ASMOD 的设计中，通信在模块内不能进行重叠。如果需要考虑模块内通信的异步重叠策略，则应该将模块划分得更细，将通信从模块中分割出来，形成新的模块，从而利用 ASMOD 的模块间模拟技术预测异步策略带来的性能提升。

$$T_{\text{total}} = \max\{T_{\text{comp}}, T_{\text{mem}}\} + T_{\text{comm}} \tag{5.10}$$

5.5 实验与分析

5.5.1 实验配置

（1）实验平台

本章在两个测试平台上进行实验：

①Gorgon-GPU：一个 8 节点的小集群，每个节点配备 2 颗 12 核 Intel Xeon E5-2670(v3) 处理器（共计 24 核），主频为 3.1 GHz，内存为 128 GB，通过 100 Gbps 的 IB 网连接。MPI 通信库采用 OpenMPI-3.0.0[124]。

②“神威・太湖之光”：位于国家超算无锡中心的超级计算机，共有 40960 个节点，每个节点配备 1 个 SW26010 众核处理器，内存为 32 GB。每个 SW26010 众核处理器包含 4 个核组，每个核组由 1 个控制核心（management core，MPE）和 64 个计算核心（compute core，CPE）组成，核心频率为 1.5 GHz。节点间通过自研拓扑结构网络连接。MPI 通信库采用自研 MPI 通信库。

（2）测试方法

本章主要进行 4 项测试以验证 ASMOD 的准确性和高效性。

①端到端预测精度测试：测试 ASMOD 对 HPL 应用整体性能的预测精度。该测试预测“神威・太湖之光”单节点至近半机规模（超 400 万核）的 HPL 整体性能。输入参数随运行规模而调整，具体数值将在表 5.3 中给出。同时，该测试预测 Gorgon-GPU 上不同策略的 HPL 的整体性能。

表 5.3 HPL 在“神威·太湖之光”上的预测与实测性能对比

进程规模	HPL 应用输入参数				实测效率/%	预测效率/%	误差/%
	问题规模 N	P	Q	NB			
32	168960	4	8	384	82.78	82.14	0.64
256	491520	16	16	384	83.31	83.09	0.22
1024	970752	32	32	384	82.52	82.40	0.12
4096	1941504	64	64	384	81.06	81.86	0.80
16384	3833856	64	256	384	78.26	78.27	0.01
32768	5505024	128	256	384	79.00	80.75	1.75
65536	7667712	128	512	384	75.34	76.43	1.09

②模块预测精度测试：测试 ASMOD 中各个模块内性能模型的预测精度。该测试对“神威·太湖之光”4~512 进程规模下的各模块性能进行分析。

③假设分析：预测软硬件参数变化时，HPL 应用的性能趋势。

④预测效率测试：测试预测 HPL 性能所需的运行时间，以验证 ASMOD 的预测效率。

本章实验中使用了 3 种策略，包括 1 种同步策略和 2 种异步策略。

①同步策略：该策略顺序执行分解、广播、更新和行交换 4 个模块。同步策略的有向图如图 5.6（a）所示。

②更新划分策略：该策略将更新模块分为两个子模块，分解模块仅依赖于上一轮迭代中更新模块的第一个子模块。通过此策略，分解模块和上一轮的更新模块可以进行重叠。该异步策略的有向图如图 5.6（b）所示。

③更新 + 行交换划分策略：该策略将更新和行交换模块按相同比例各分为 n 个子模块，行交换模块的第 $i+1$ 子模块仅依赖于上一轮迭代中更新模块的第 $i+1$ 子模块。该策略进一步将行交换模块与上一次迭代的更新模块重叠[81-82]。该异步策略仅在“神威·太湖之光”上实现，其有向图如图 5.6（c）所示。

5.5.2 端到端预测精度测试

本节测试 ASMOD 对 HPL 整体性能的预测准确性。首先预测“神威·太湖之光”上的 HPL 整体性能，预测的进程规模从小规模（32 进程规模）至近半机规模（65536 进程规模）。如表 5.3 所示，ASMOD 以“神威·太湖之光”的硬件参数和 HPL 软件参数作为输入，预测整体性能。其中，问题规模 N 随着进程规模的增大而相应扩增。此外，HPL 使用的异步策略为更新 + 行交换划分策略，如图 5.6（c）所示。实测结果与预测结果如表 5.3 所示，预测误差平均为 0.66%，其中最低为 0.01%，最高为 1.75%。ASMOD 在“神威·太湖之光”近半机规模下可以实现较准确的端到端性能预测。

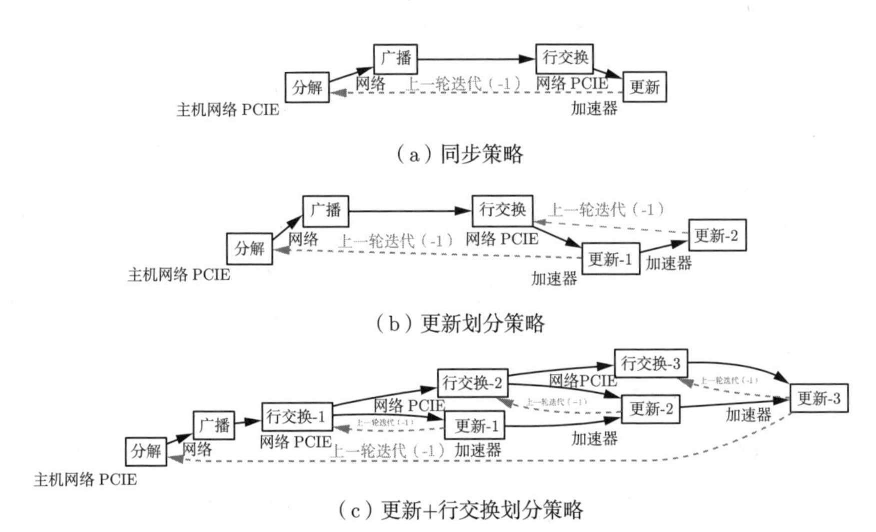

图 5.6 HPL 应用同步和异步策略的有向图

此外，本书在 Gorgon-GPU 上测试 ASMOD 对不同策略的预测准确性，包括同步策略和更新划分策略。本书以 4 进程规模（$P \times Q = 2 \times 2$）运行两种策略下的 HPL，并用 ASMOD 进行预测。预测结果与实测性能如图 5.7 所示。同步策略下的平均预测误差为 2.53%，更新划分策略下的平均误差为 4.71%，在 CPU+GPU 平台上误差比“神威·太湖之光”大。经分析，其原因是小规模运行时间相对较短，仅为几十秒至百秒，而大规模 HPL 的运行时间长达数千秒。实测运行时间是误差计算公式中的被除数，当绝对误差相同时，被除数越小，相对误差（百分比制）越大。

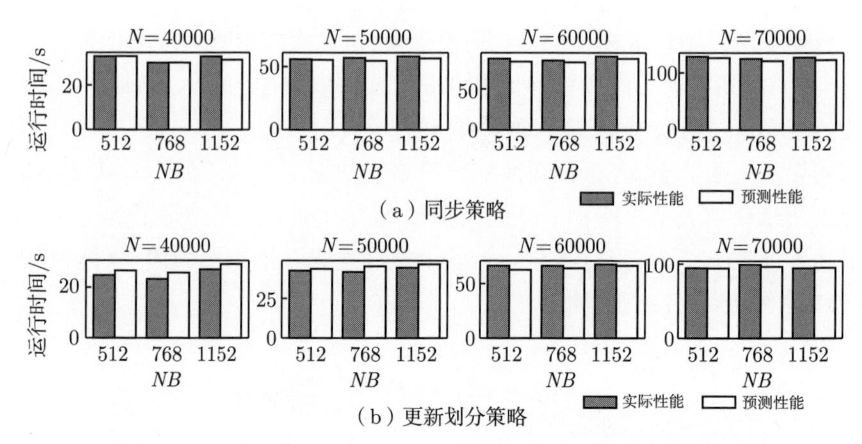

图 5.7 HPL 在 CPU+GPU 架构上的预测与实测性能对比

5.5.3 模块预测精度测试

本节对 ASMOD 的模块内模型准确性进行测试。测试目标是“神威·太湖之光”上 4~512 进程规模时的 HPL 应用，软硬件输入参数和异步策略与 5.5.2 节中相同。具体测试过程如下：本书在 HPL 源代码中各个步骤的前后进行手动插桩，记录每个模块在每一轮迭代中的运行时间，并累加获得每个模块的实测时间。ASMOD 在预测过程中也会计算出各模块在每一轮迭代中的执行时间，同样通过累计获得每个模块的预测时间。图 5.8 展示了分解、广播、行交换和更新 4 个模块的预测性能与实测性能对比及预测误差。其中通信相关模块的预测误差相对较大，广播和行交换平均分别达到 11.52%和 5.58%（广播模块在 16 进程规模以下采用特殊广播通信算法导致的预测不准确），而计算相关模块的误差相对较小，分解和更新模块的预测误差分别为 2.51%和 1.89%。由于异步策略使计算和通信模块重叠，因而通信相关模块的预测误差也同时被隐藏，整体预测性能仍然展现出较高的准确性。

5.5.4 假设分析

通过更改 ASMOD 的输入（包括硬件参数和 HPL 程序参数），程序员可以进行各种假设分析（what-if analysis）。假设分析可以指导应用程序的输入参数调整和未来机器的架构设计。本书针对“神威·太湖之光”上更新 + 行交换划分策略版本的 HPL 进行假设分析。首先，改变

HPL 的输入参数（N 和 NB）并观察预测性能的变化。图 5.9（a）表明 HPL 性能与问题规模 N 密切相关，而图 5.9（b）显示分块大小 NB 对 HPL 的性能仅有轻微影响。然后，通过改变硬件参数（网络带宽和从核

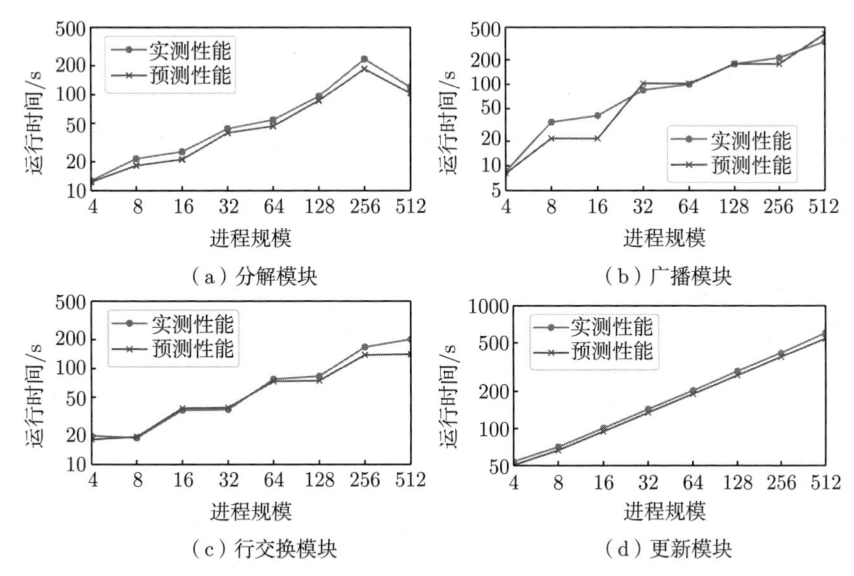

图 5.8　模块预测与实测性能对比及预测误差

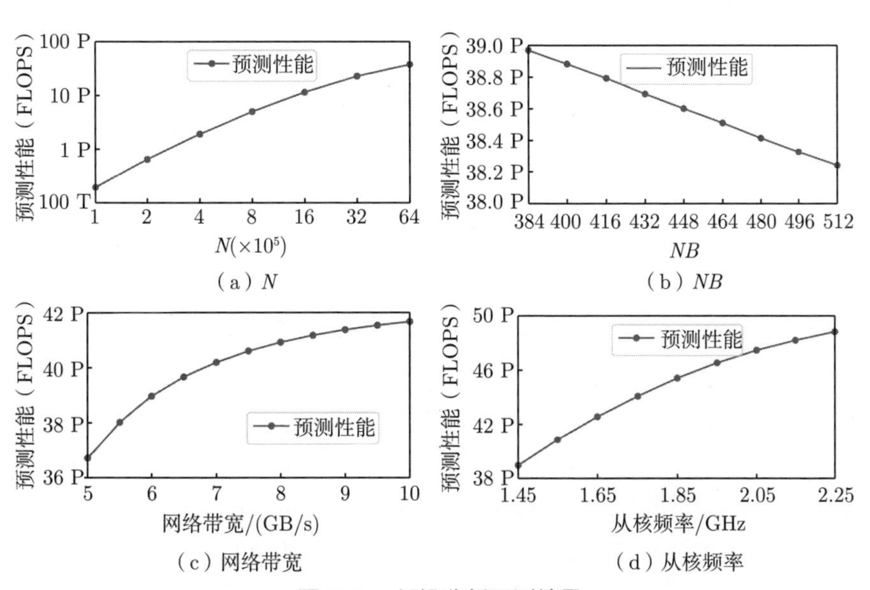

图 5.9　假设分析预测结果

频率）以指导未来的架构设计。在图 5.9（c）中，ASMOD 预测性能增长趋势会随着网络带宽的增加而放缓。图 5.9（d）显示随着从核频率从 1.45 GHz 增加到 2.25 GHz，HPL 的性能也随之持续增长。

5.5.5 预测效率测试

本节分析 ASMOD 的预测效率。ASMOD 是一个粗粒度的模拟方法，仅模拟 HPL 算法模块间的数据依赖关系。因此，ASMOD 的模拟效率非常高。表 5.4 展示了 ASMOD 针对不同进程规模和异步策略下的模拟时间，所有模拟过程均在 GORGON-GPU 的一个单节点服务器上运行（仅使用单核 CPU）。实验结果表明，模拟时长均为毫秒级，平均为 5.11ms，其中最少为 0.27ms，最多为 19.24ms。模拟时长和问题规模 N 呈正相关，问题规模越大，需模拟的迭代轮次越多，因而模拟器的运行时间越长。同时，模拟时长也与异步策略的复杂性呈正相关，异步策略越复杂，模拟器的运行时间越长。

表 5.4 ASMOD 针对不同进程规模和异步策略下的模拟时间

进程规模	32	256	1024	4096	16384	32768	65536
同步策略模拟器运行时间/ms	0.27	0.44	0.85	1.57	3.25	6.73	13.21
更新划分策略模拟器运行时间/ms	0.33	0.83	1.46	2.68	5.13	9.73	17.63
更新 + 行交换划分策略模拟器运行时间/ms	0.63	0.97	2.01	3.17	5.77	11.31	19.24

5.6 小　　结

本章提出了 ASMOD，它是一种异步策略感知的精确性能建模技术。ASMOD 将并行程序分为多个基本模块，并将程序性能解耦为模块内性能和受异步策略影响的模块间性能。ASMOD 采用层次化建模技术和解析—统计结合建模技术建立模块内性能模型，提出基于图的硬件感知异步模拟技术进行模块间性能模拟，从而预测应用程序的整体性能。本书以 HPL 对该技术进行验证评估，预测了多个异构平台上的 HPL 应用整体性能。在不同平台上预测 HPL 应用时，ASMOD 采用的层次化建模技术带来了一定程度的跨平台适应性。其应用层模型可直接复用，而硬件层与软件层模型需要针对不同异构平台进行重新建模。实验表明，ASMOD 可以高效并准确地预测不同软硬件参数和异步策略下的 HPL 整体性能。其中，针对“神威·太湖之光”上多达 65536 进程规模下 HPL 整体性能的预测误差为 1.09%。

第 6 章　面向领域的多层次性能优化框架

在许多真实场景下，对性能瓶颈进行优化需要极强的专业知识和大量人力开销。例如，在第 5 章中，程序员借助性能建模技术选定异步策略后，仍需手动修改代码以实现该异步策略。为了降低手动优化带来的开销，研究人员提出了许多优化框架，试图借助编译技术实现自动优化。现有的编译优化框架将前端语言转换为中间表达，而后在该中间表达上进行优化，最终将中间表达转化为可执行的二进制代码。然而，常见的编译优化框架仅具有单一中间表达，并不能同时实现对应用软件特征和硬件特征的完整表达，因而无法全面挖掘应用和硬件的性能优化机会，具体体现在：①无法同时实现应用级优化（如算法等价变换等）和硬件级优化（如 SIMD 指令优化等）；②无法有效结合应用与硬件信息进行深度优化（如需结合应用特性和硬件信息的优化策略选择等）。

本章基于多级中间表达（multi-level intermediate representation, MLIR）实现面向领域的多层次性能优化框架。该框架分别为领域应用、通用表达和硬件平台提供不同的中间表达，从描述领域应用的高级语义渐进式递降至描述通用表达和硬件平台的低级抽象。这种渐进式递降可以自然地保留领域信息，使应用享受领域级优化、通用优化和硬件平台特定的优化。同时，本书将性能模型融入框架中，通过结合多层次的信息，在各层次中指导优化策略选择。本章以计算流体力学为例，对该框架的设计进行验证。本章的主要技术贡献为：

（1）设计了一个面向领域的多层次性能优化框架 Puzzle，以计算流体力学领域为例，基于 MLIR 项目实现了完整系统。

（2）将性能建模技术融入优化框架中，结合领域应用特性和目标硬件平台信息，自动地分析并选择优化策略。

（3）以计算流体力学领域为例，验证了该框架。针对计算流体力学领域提出了一种领域中间表达，支持计算和访存特性的表示，为领域级优化提供便利。

本章 6.1 节给出 PUZZLE 的整体框架，6.2 节介绍 PUZZLE 的领域层中间表达和语言设计，6.3 节介绍领域中间表达如何渐进式递降至硬件层中间表达，6.4 节介绍各层次中的优化，其中重点介绍了如何借助性能模型选择领域级优化策略，6.5 节展示相关实验分析，6.6 节对本章进行了总结。

6.1　框 架 设 计

本章以计算流体力学领域为例进行具体研究。计算流体力学的应用非常广泛，包括大气模式、海洋模式、风阻模拟等。由于计算流体力学的 N-S 方程（navier-stokes equation）的求解十分困难，甚至其解析解是否存在也未被证明，因此研究人员提出了各种各样的数值方法，以迭代式地求解 N-S 方程的数值解。然而，不同数值方法的计算访存特性差异较大，从而导致每种数值方法在特定硬件平台上的最佳优化策略亦有所不同。本章提出的多层次优化框架，试图减轻程序员的分析和优化压力，借助性能建模技术实现自动优化策略选择，同时运用编译技术实现自动优化。

PUZZLE 建立多层中间表达（领域层、通用层和硬件层）以完整地表示应用程序和硬件平台的特征，便于实施不同层的优化策略。每层中间表达中包含为该层对象设计的特殊指令以表达该对象的特征，基于这些特殊指令可实现对该层对象的特定优化。如图 6.1 所示，PUZZLE 针对计算流体力学应用设计了一种领域特定语言（domain specific language, DSL），而后将该语言转化为领域中间表达。领域中间表达实施性能模型给出的领域级优化策略后，递降（lowering）为通用中间表达。通用层与硬件层的优化与递降过程与领域层类似，最后转换为可执行的二进制代码。以下对该框架中的核心模块进行描述：

①领域中间表达（6.2.1 节）。本书框架对数值方法进行抽象，并提出了一种领域中间表达，该表达可以有效地表示领域应用的计算和访存等

特性。该中间表达将数值方法求解过程描述为计算图，其中每一次物理量变换被描述为算子。

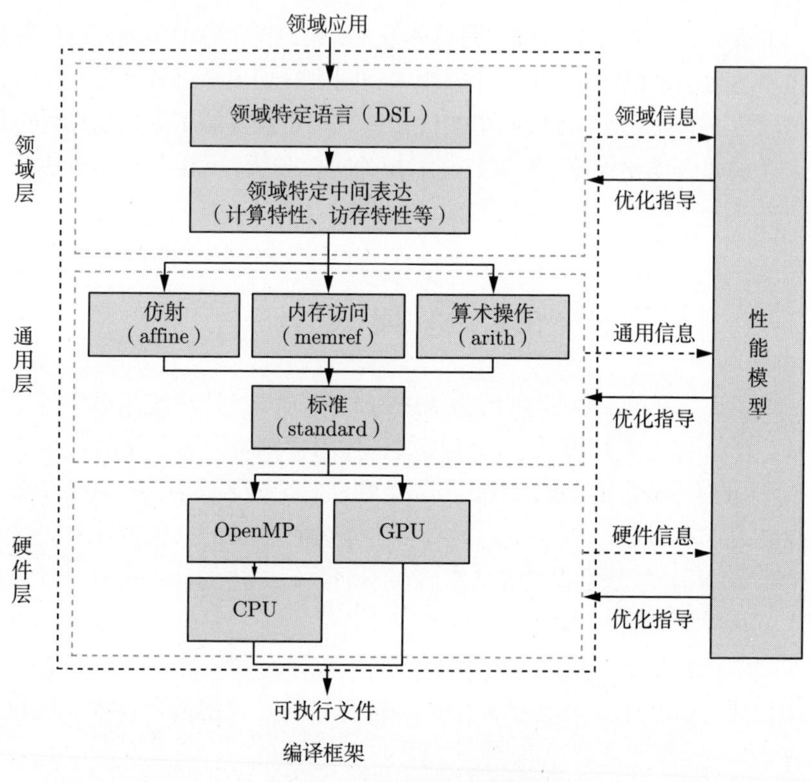

图 6.1　Puzzle 系统框架

②领域特定语言（6.2.2 节）。本书设计了面向计算流体力学的领域特定语言，该语言允许以网格为中心定义物理量，并支持算子和计算图的描述。

③领域层优化（6.4.1 节）。本书基于领域中间表达实现领域级优化，主要包括计算图优化和算子优化。同时，Puzzle 通过性能建模技术指导优化策略选择。

④通用层中间表达和优化（6.3.1 节、6.4.2 节）该模块包括循环仿射、内存访问、算术操作等通用中间表达，在不同中间表达上进行诸如仿射变换等通用优化后，所有通用中间表达将会递降为标准中间表达。

⑤硬件层中间表达和优化（6.3.2 节、6.4.3 节）该模块支持将通用层的标准中间表达递降至 CPU 或 GPU 等不同硬件平台的中间表达。同时，该模块支持在不同硬件的中间表达上进行特定优化，如 GPU 的线程映射等。

PUZZLE 的核心贡献在于多层次的设计，并支持以性能建模指导优化策略选择。通用层和硬件层基于 MLIR 实现[122]，复用了 MLIR 中的方言（dialect）和部分优化规则（pass）。因此本章主要对领域层相关内容进行详细介绍，而简要介绍通用层和硬件层相关内容。

6.2 面向计算流体力学领域的中间表达和语言

本书针对计算流体力学领域设计了领域中间表达，以清晰表示各种数值方法的计算和访存特征，并基于该中间表达设计了对应的领域特定语言。因此，本章首先介绍领域中间表达的设计，然后结合示例介绍领域特定语言。

6.2.1 领域中间表达

有限体积法是计算流体力学中最主流的方法。基于该方法，研究人员提出了各种各样的数值方法求解计算流体力学的 N-S 方程，例如 Lax-Wendroff、TVD、ENO 和 WENO 等。本书提出了一种面向计算流体力学领域的中间表达以表示各种数值方法的计算过程以及特征，为领域级优化提供便利。在各种数值方法中，物理量通过一步步计算得到最后结果，因此，领域中间表达使用数据流图表示整个计算步骤，而数据流图中每一个顶点表示一次计算，物理量即为数据流图的边上流动的数据。本书将该数据流图称之为计算图，将计算图的顶点称为算子。本节将对计算图和算子进行详细介绍。

1. 计算图

计算流体力学的真实应用中通常包含非常复杂的计算步骤，计算步骤之间的依赖关系是进行领域级性能优化的关键之一。为了清晰地表达出各个计算步骤之间的依赖关系，领域中间表达用基于数据流图的计算图表示整个计算过程。计算图包含两个基本概念，分别是算子和物理量，其中算子是计算图的顶点，物理量是边上的数据。

（1）物理量

物理量是计算图边上流动的数据，同时也是每个顶点的输入和输出。它表示计算过程中涉及到的所有数据，包括作为具有实际物理意义的数据和计算过程中产生的中间数据。例如，图 6.2 展示了一个四阶单调数值平滑滤波的伪代码示例，该示例的第 $2\sim6$ 行的 Laplacian 算子中，phi 是具有实际意义的物理量，lap 是计算过程中的中间数据，phi 和 lap 均为物理量。

```
1  // Laplacian 算子
2  for j = jstart-1, jend+1
3      for i = istart-1, iend+1
4          lap(i,j) = phi(i+1,j) + phi(i-1,j)
5                   + phi(i,j+1) + phi(i,j-1) - 4.0 * phi(i,j)
6
7  // Diffusive flux x 算子
8  for j = jstart-1, jend
9      for i = istart-1, iend
10         flx(i,j) = lap(i+1,j) - lap(i,j)
11         if ( flx(i,j) * (phi(i+1,j)-phi(i,j)) > 0.0 )
12             flx(i,j) = 0.0
13
14 // Diffusive flux y 算子
15 for j = jstart-1, jend
16     for i = istart-1, iend
17         fly(i,j) = lap(i,j+1) - lap(i,j)
18         if ( fly(i,j) * (phi(i,j+1)-phi(i,j)) > 0.0 )
19             fly(i,j) = 0.0
20
21 // Flux divergence 算子
22 for j = jstart, jend
23     for i = istart, iend
24         result(i,j) = phi(i,j) - alpha (i,j) * (
25             flx(i,j) - flx(i-1,j) + fly(i,j) - fly(i,j-1))
```

图 6.2　四阶单调数值平滑滤波的伪代码示例

（2）算子

算子是计算图的顶点，它以物理量为输入，同时输出物理量。一个算子可以有多个物理量作为输入，也允许输出多个物理量。每个算子对物理量的访问和计算模式存在差异，本节将介绍领域中间表达如何表示算子的访存和计算特征。满足条件的多个算子可以被等价地融合为一个算子，这种融合对性能有正面或负面的影响，该优化将在 6.4.1 节中介绍。如图 6.2 所示，该示例中共有四个基本算子，分别是 Laplacian 算子、Diffusive flux x 算子、Diffusive flux y 算子和 Flux divergence 算子。

本书以图 6.2 中的四阶单调数值平滑滤波为例展示计算图。图 6.3 展示了该示例的计算图，其中 Laplacian 算子以物理量 phi 为输入，输出物理量 lap，Diffusive flux x 算子和 Diffusive flux y 算子均以物理量 phi 和 lap 为输入，分别输出物理量 flx 和 fly，Flux divergence 算子以物理量 phi、flx、fly 和 alpha 为输入，输出物理量 result。

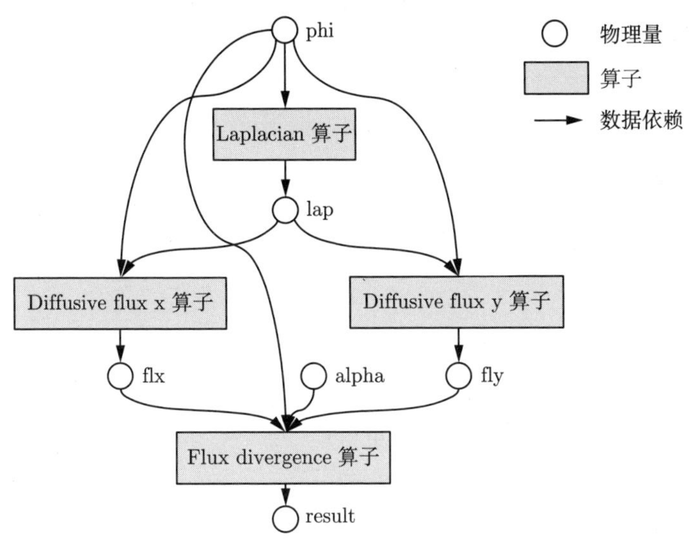

图 6.3　四阶单调数值平滑滤波的计算图

2. 算子表示

算子作为计算图的顶点，表示一次或多次物理量的运算。每个算子内运算规则均有差异，因而其对物理量的访存和计算特征均有差异。访存和计算特征信息对于领域级优化非常重要。为完整表示算子的计算和访存特征，领域中间表达设计了一种特殊的算子表示方法。该算子表示将算子内的运算分为访问模板和计算模式两个部分，访问模板用于反映算子的访存特征，计算模式用于表示算子的计算特征。以下介绍访问模板和计算模式的详细设计。

（1）访问模板

访问模板表示算子内对物理量的访问形式。访问模板以物理量为对象，算子内每一个物理量有一个对应的访问模板。具体地，一个物理量的访问模板是在空间内领域网格物理量的访问模式。图 6.4 展示了图 6.2 中所有算子对物理量 phi 的访问模板。每个访问模板需要对中心位置（即 (i, j) 位置）进行标记，图 6.4 中将中心位置以灰色标记。访问模板表达算子对各个物理量的访问特征，基于领域中间表达的优化需要利用该访问特征进行优化策略的选择。

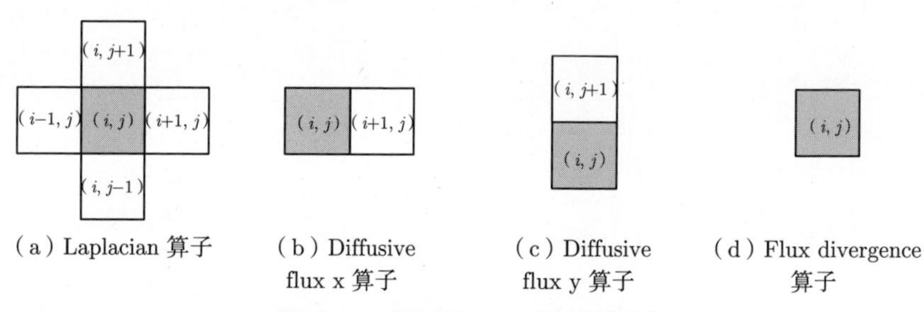

（a）Laplacian 算子　（b）Diffusive flux x 算子　（c）Diffusive flux y 算子　（d）Flux divergence 算子

图 6.4　物理量 phi 的访问模板

（2）计算模式

计算模式用于表示物理量和物理量之间的变换过程,并反映算子的计算特征。通过对计算流体力学各种数值方法中运算类型的总结，本书抽象出三类操作,分别是卷积操作（convolution）、元素级操作（element-wise）和归约操作（reduction）。

计算流体力学的有限体积法是一种模板计算，而模板计算实质上是一种卷积操作。卷积操作基于访问模板对物理量进行运算，一次卷积操作对应一个卷积核，卷积核的形状和访问模板的形状是一致的。一个算子对一个物理量只有一个访问模板，但允许有多个卷积核。卷积核是卷积操作的关键要素，数值方法中运算的不同导致每个访问模板的卷积核不同。例如，式(6.1)展示了图 6.2 中 Laplacian 算子对 phi 的卷积核。式(6.2)展示了 Diffusive flux x 算子对 lap 的卷积核。另外，卷积操作只是领域中间表达的一部分，并不代表会通过式(6.1)中的卷积核进行卷积操作。领域中间表达在递降的过程中会将该卷积操作描述成内存访问和算术操作，同时移除卷积核中零元对应的内存访问。

$$\begin{bmatrix} 0 & 1 & 0 \\ 1 & -4 & 1 \\ 0 & 1 & 0 \end{bmatrix} \tag{6.1}$$

$$\begin{bmatrix} -1 & 1 \end{bmatrix} \tag{6.2}$$

元素级操作通常作用于物理量卷积操作计算后的数据。元素级操作包括简单的算术运算、数学运算或者逻辑运算等，它的重要特性是不会改变的数据维度和形状。例如，图 6.2 的 Diffusive flux x 算子中第 11 行的乘法运算是元素级操作，第 11~12 行的逻辑判断同为元素级操作。

真实应用中的物理量通常是多维的，且在计算过程中通常会产生更多维度的数据。对于这些多维物理量，除了元素级操作之外，还需要归约操作进行运算。归约操作的特点是会改变操作对象的维度和形状。

6.2.2　领域特定语言

为了使用户可以轻松地描述各种数值方法，PUZZLE 设计了一套面向计算流体力学的领域特定语言（后文称为领域特定语言）。该语言是基于领域中间表达设计的，PUZZLE 可以将领域特定语言翻译至领域中间表达。领域特定语言的设计主要包含三个方面，分别是以网格为中心的物理量定义、算子描述和计算图描述。领域特定语言在网格和求解方式等方面具有一定限制，具体而言，仅支持结构化网格下的显式求解。领域特定语言描述算子时，允许通过卷积操作、元素级操作和归约操作表示计算和访存模式，支持描述各种张量操作和控制流行为。这些操作使 PUZZLE 可以覆盖诸如 TVD、ENO 和 WENO 等显式求解 N-S 方程、欧拉方程的场景。

1. 以网格为中心的物理量定义

有限体积法的思想是通过局部反映整体。如图 6.5 所示，它将整体空间切分为网格，在网格上计算物理量的变化，如流动速度等。所有网格上物理量的变化规律可反映整体空间的物理行为。网格切分得越多，对物理行为的表示越准确。为了更贴近有限体积法下的物理思维，领域特定语言以网格为中心进行物理量定义。具体而言，用户在定义物理量时，仅需考虑某个网格内所存在的物理量或中间过程的临时变量，无需考虑这些物理量在整个空间中的多维属性。图 6.6 的第 2 行展示了 C 语言在定义物理量时的具体语句，图 6.6 的第 4 行给出了 PUZZLE 在定义物理量时的语句。

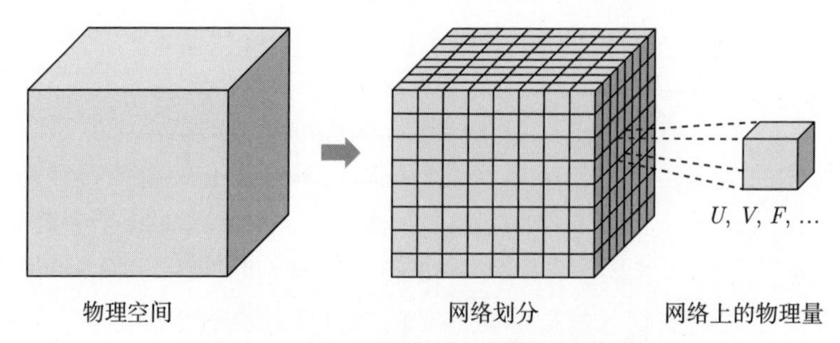

图 6.5 有限体积法中的空间划分示意图

```
1 // C语言
2 double U[X][Y][Z], V[X][Y][Z], F[X][Y][Z];
3 // Puzzle
4 grid U,V,F;
```

图 6.6 不同语言对物理量定义的描述

2. 算子定义

PUZZLE 在定义一个算子时有两个关键要素，分别是算子内计算操作的描述以及作用范围的描述。计算操作用于描述算子内进行的物理量访问以及各类计算，作用范围用于指定算子内操作需要应用的空间范围。以下详细介绍两个要素并展示前端语言的具体示例代码。

1）计算操作

PUZZLE 中共有三种计算操作，分别为卷积操作、元素级操作和归约操作。本节分别介绍三种计算操作的具体描述方式。

（1）基于访问模板的卷积操作描述

通用编程语言（如 C 语言）对卷积操作的描述是通过访问物理量以及算术操作实现的，而对物理量的访问通常为基于下标的多维数组访问。例如，对于图 6.2 中的 Laplacian 算子，C 语言的描述如图 6.7 的第 2~3 行所示。此外，研究人员针对模板计算提出了领域特定框架，例如 Stella[44]、Forma[137] 等。这些框架的前端语言采用偏移量对物理量进行访问，而后进行与通用编程语言描述中相同的算术操作。Forma 的描述 Laplacian 算子的方式如图 6.7 的第 6~7 行所示。

PUZZLE 基于访问模板描述卷积操作。具体地，领域中间表达提出了访问模板表示对某个物理量的访存模式，同时以卷积核描述对该物理量的模板计算。事实上，物理量的访存模式已经隐含在卷积核中，唯一不确定的是中心位置在卷积核中的对应位置。因此，在领域特定语言中，用户仅需描述中心位置在访问模板（或卷积核）中的位置，结合卷积核（6.2.2 节中介绍），即可实现对物理量访问模式的描述。例如，对于 Laplacian 算子，用户描述中心位置在式(6.1)中卷积核的相对位置为 [1,1]，具体描述语句如图 6.7 的第 10~14 行所示。

```
1  // C语言
2  lap[i][j] = phi[i+1][j] + phi[i-1][j] + phi[i][j+1]
3                                  + phi[i][j-1] - 4.0 * phi[i][j];
4
5  // Forma - 面向模版计算的特定语言
6  @lap(0,0) = @phi(1,0) + @phi(-1,0) + @phi(0,1)
7                               + @phi(0,-1) - 4.0 * @phi(0,0);
8
9  // Puzzle
10 tensor kernel1 = [[1]];
11 tensor kernel2 = [[0,1,0]
12                   [1,-4,1]
13                   [0,1,0]];
14 lap.conv@[0,0](kernel1) = phi.conv@[1,1](kernel2);
```

图 6.7　不同语言对卷积操作的描述

（2）元素级操作描述

通用编程语言中对元素级操作的描述是通过循环访问张量中的每个元素，并进行操作。例如，对于一个元素级的加法操作，C 语言的描述如图 6.8 的第 2~4 行所示。本书借鉴一些高级语言（如 Matlab）中的描述方式，通过在计算操作前加一个点表示元素级操作，即 `.+`。例如，对于上述元素级加法操作，PUZZLE 的领域特定语言描述如图 6.8 的第 7 行所示。

```
1 // C语言
2 for (int i = 0; i < N; i++) {
3     A[i] = B[i] + C[i];
4 }
5
6 // Puzzle
7 A = B .+ C
```

图 6.8　不同语言对元素级操作的描述

（3）归约操作描述

PUZZLE 通过归约函数表示归约操作。归约函数提供一个参数表示归约操作的规则，PUZZLE 提供多种内置的归约操作，例如求和、求内积、最大值、最小值、逻辑与、逻辑或等。表 6.1 展示了部分内置归约操作的相关信息。此外，PUZZLE 支持用户自定义归约规则函数作为归约函数的参数。

表 6.1 内置归约操作的规则介绍

操作	含义	归约规则
SUM	求和	将张量中每个元素累加 $\sum_{i=1}^{n} \boldsymbol{A}_i$
PROD	求内积	将张量中每个元素连乘 $\prod_{i=1}^{n} \boldsymbol{A}_i$
MAX	最大值	求张量中所有元素的最大值 $\max\{\boldsymbol{A}_1, \boldsymbol{A}_2, \cdots, \boldsymbol{A}_i\}$
MIN	最小值	求张量中所有元素的最小值 $\min\{\boldsymbol{A}_1, \boldsymbol{A}_2, \cdots, \boldsymbol{A}_i\}$
LAND	逻辑与	对张量中每个元素进行逻辑与操作 $\boldsymbol{A}_1 \wedge \boldsymbol{A}_2 \wedge \cdots \wedge \boldsymbol{A}_i$
LOR	逻辑或	对张量中每个元素进行逻辑或操作 $\boldsymbol{A}_1 \vee \boldsymbol{A}_2 \vee \cdots \vee \boldsymbol{A}_i$

2）作用范围

作用范围表示上述计算操作所应用的物理空间范围，该空间可以是一维、二维或三维空间。PUZZLE 通过两个一维向量表示作用范围，第一个向量表示每个维度的起始位置，第二个向量表示每个维度的结束位置。例如，⟨[0,0,0],[60,60,60]⟩ 表示作用范围为 60×60×60 的三维空间中的每个网格。

PUZZLE 使用 apply 函数定义算子，该函数结合对于作用范围和计算操作的描述。每个算子需被定义一个特有的名称，该名称将会用于计算图的定义。图 6.9 的第 17~38 行展示了使用 PUZZLE 领域特定语言定义图 6.2 中四个算子的具体代码。

3. 计算图定义

6.2.1 节介绍了计算图的两个基本概念，分别为物理量和算子。因此，在定义计算图时，用户需使用 add_variables 函数将所有物理量加入计算图中，同时使用 add_kernels 函数将所有被定义的算子加入计算图中。在完成计算图的定义后，用户可通过 run 函数运行计算图。图 6.9 的第 39~42 行以图 6.2 中的四阶单调数值平滑滤波为例，展示如何定义并运行一个计算图。

图 6.9 展示了使用 PUZZLE 的领域特定语言定义图 6.2 中四阶单调数值平滑滤波的完整过程，包含了物理量定义、卷积核定义、操作函数定

义、算子定义和计算图定义。

```
1  # 物理量定义
2  grid lap, phi, flx, fly, alpha, result;
3
4  # 卷积核定义
5  tensor ck1 = [[1]];
6  tensor ck2 = [[0,1,0], [1,-4,1], [0,1,0]];
7  tensor ck3 = [[-1,1]];
8  tensor ck4 = [[1], [-1]];
9
10 # 操作函数定义
11 def func1(x, y) {
12     if (x > 0.0) return 0.0;
13     else return y;
14 }
15
16 # 算子定义
17 # Laplacian 算子
18 laplacian = apply <[istart-1, jstart-1], [iend+1, jend+1]> {
19     lap.conv@[0,0](ck1) = phi.conv@[1,1](ck2);
20 }
21 # Diffusive flux x 算子
22 diff_flux_x = apply <[istart-1, jstart-1], [iend+1, jend+1]> {
23     tmp = lap.conv@[0,0](ck3);
24     flx.conv@[0,0](ck1) = tmp;
25     flx.conv@[0,0](ck1) = .func1(tmp .* phi.conv@[0,0](ck3), tmp);
26 }
27 # Diffusive flux y 算子
28 diff_flux_y = apply <[istart-1, jstart-1], [iend+1, jend+1]> {
29     tmp = lap.conv@[1,0](ck4);
30     fly.conv@[0,0](ck1) = tmp;
31     fly.conv@[0,0](ck1) = .func1(tmp .* phi.conv@[1,0](ck4), tmp);
32 }
33 # Flux divergence 算子
34 flux_div = apply <[istart-1, jstart-1], [iend+1, jend+1]> {
35     result.conv@[0,0](ck1) = phi.conv@[0,0](ck1) .- alpha@[0,0](ck1) .*
36           (flx.conv@[0,1](ck3) .+ fly.conv@[0,0](ck4));
37 }
38
39 # 计算图定义
40 compute_graph.add_variables(lap, phi, flx, fly, alpha, result);
41 compute_graph.add_kernels(laplacian, diff_flux_x, diff_flux_y, flux_div);
42 compute_graph.run();
```

图 6.9　PUZZLE 的领域特定语言描述四阶单调数值平滑滤波的代码

6.3　多层次中间表达递降

PUZZLE 的领域中间表达首先递降至通用层中间表达，而后继续递降至硬件层中间表达。其中，通用层与硬件层中间表达基于 MLIR 中的方言（dialect）实现。本节介绍领域中间表达如何渐进式递降至硬件层中间表达。

6.3.1　领域中间表达递降

在领域中间表达递降至通用中间表达的过程中，计算图中的物理量和算子被转换为 MLIR 的方言。具体而言，物理量递降为 memref（内存引用）方言中的内存分配，算子递降为基于 affine（仿射）方言的嵌套循环。本书依据算子中卷积操作的卷积核及中心位置对物理量的访问模式进行展开。在展开的过程中，卷积核的非零元将转换为一次内存访问，而零元将被忽略。其他元素级操作和归约操作都转化为 tensor（张量）、math（数学）和 arith（算术）方言中的对应操作。图 6.10 展示了 Laplacian 算子由领域中间表达递降至通用层的示意图。物理量 phi 被转换为一个 memref 方言的 alloc 操作。在确定其中心位置后，非零元位置分别被转换为一个 affine 方言中的 load 操作。

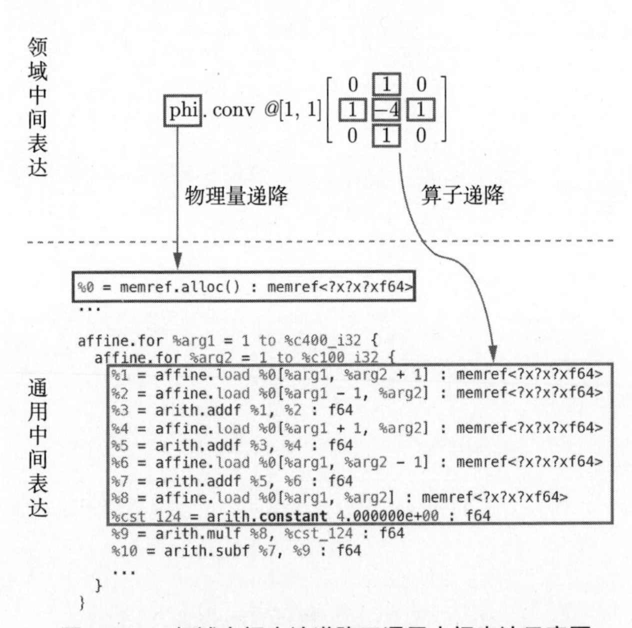

图 6.10　领域中间表达递降至通用中间表达示意图

6.3.2　通用中间表达递降

通用层向硬件层中的多个平台进行递降，该递降过程通过 MLIR 中内置的转换器实现。在 CPU 平台上，通用中间表达向 omp（OpenMP）方言递降。如图 6.11 所示，通用层中 affine 方言组成的嵌套循环被转换为硬件层 omp 方言的表达形式。在 GPU 平台上，通用中间表达向 gpu 方言递降。在递降的过程中，affine 方言组成的嵌套循环被提取为 GPU 内核函数，并以 gpu 方言中的层次化线程结构（blocks、threads、warps）及内存结构（global、shared、private）表示该内核函数。同时，GPU 内核函数通过 gpu 方言的运行函数进行调用和执行。图 6.12 展示了通用层

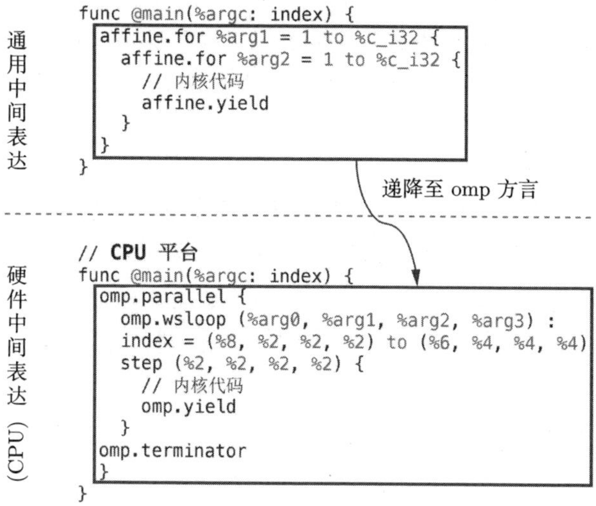

通用中间表达
func @main(%argc: index) {
affine.for %arg1 = 1 to %c_i32 {
affine.for %arg2 = 1 to %c_i32 {
// 内核代码
affine.yield
}
}
}
递降至 omp 方言
硬件中间表达（CPU）
// CPU 平台
func @main(%argc: index) {
omp.parallel {
omp.wsloop (%arg0, %arg1, %arg2, %arg3) :
index = (%8, %2, %2, %2) to (%6, %4, %4, %4)
step (%2, %2, %2, %2) {
// 内核代码
omp.yield
}
omp.terminator
}
}

图 6.11　通用中间表达递降至硬件中间表达（CPU）示意图

通用中间表达
func @main(%argc: index) {
affine.for %arg1 = 1 to %c_i32 {
affine.for %arg2 = 1 to %c_i32 {
// 内核代码
affine.yield
}
}
}
提取内核函数
调用GPU内核函数
硬件中间表达（GPU）
// GPU 平台
gpu.module @outlkerns {
gpu.func @k1 (%arg0: index)
workgroup(%shared_buffer: memref<32 x f32, 3>),
private(%private_buffer: memref<2 x f32, 5>) {
%tx = gpu.thread_id {dim: "x"}
// 内核代码
}
}
func @main(%argc: index) {
gpu.launch_func(%c1, %c1, %c1, %c2, %c2, %c1, %arg0)
{kernel = "k1", kernel_module = @outlkerns}
: (index, index, index, index, index, index, index)
}

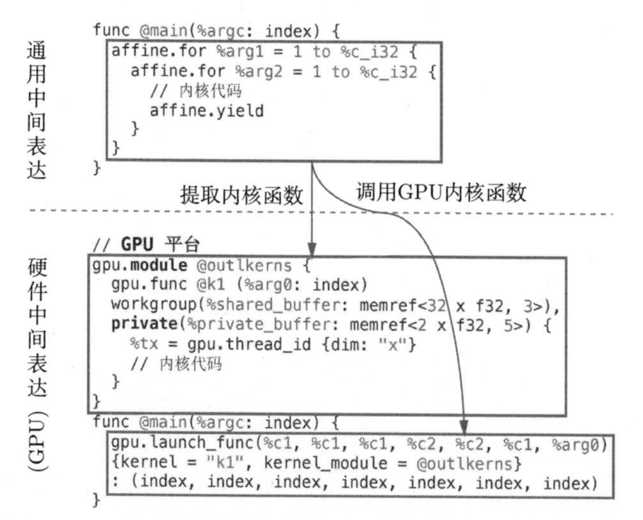

图 6.12　通用中间表达递降至硬件中间表达（GPU）示意图

中间表达向 GPU 平台的递降过程，包括 GPU 内核函数的提取过程和调用 GPU 内核函数的具体方式。

6.4 多层次感知优化

PUZZLE 采用多级中间表达表示不同层次的特性，支持多层次感知的优化。PUZZLE 支持领域级优化、通用优化以及硬件级优化。本章介绍三个层次中的优化技术，其中着重介绍领域级优化。

6.4.1 领域级优化

PUZZLE 的领域中间表达将数值方法的计算过程表示为计算图，因而领域级优化可以直接在该计算图上进行。领域级优化分为两层优化，分别是计算图优化和算子优化。计算图优化通过性能模型指导算子融合（kernel fusion），算子优化依据算子的计算访存特性提出优化策略，并传递至通用层和硬件层中进行优化。

1. 计算图优化

计算图优化中对性能影响最大的优化技术是算子融合，本节将首先介绍如何利用模板偏移（shifting）技术在领域中间表达上进行算子融合，然后通过性能模型预测融合前后算子的性能变化以指导算子融合策略。

（1）基于模板偏移的算子融合表示

本书提出一种在领域中间表达上进行算子融合的模板偏移技术。对于存在数据依赖关系的两个算子（A→B），首先分析算子 B 和算子 A 之间存在数据依赖的物理量为 x，然后在算子 A 中分析物理量 x 依赖的物理量为 y。模板偏移将算子 A 中对物理量 y 的访问模板的中心位置对应在算子 B 中对物理量 x 的访问模板的所有位置上，所有被访问的位置即为模板偏移的结果，同时也表示算子融合后的访问模板。如果算子 A 和算子 B 中有多个存在数据依赖的物理量 $x_1, x_2, \cdots, x_n$，算子 A 中物理量 $x_1, x_2, \cdots, x_n$ 依赖于多个物理量 $y_1, y_2, \cdots, y_n$，则需要将两两组合进行模板偏移。

本书以图 6.2 中的 Laplacian 算子和 Diffusive flux x 算子为例进一步描述模板偏移的过程。Laplacian 算子和 Diffusive flux x 算子之间存在依赖关系的物理量为 *lap*，物理量 lap 在 Laplacian 算子中依赖的物理量为 phi。图 6.13（a）展示了 Laplacian 算子中对物理量 phi 的访问模板以及 Diffusive flux x 算子中对物理量 lap 的访问模板。图 6.13（b）展示了模板偏移的示意，图 6.13（c）展示了模板偏移后的访问模板，该模板即为 Laplacian 算子和 Diffusive flux x 算子融合后对物理量 phi 的访问模板。

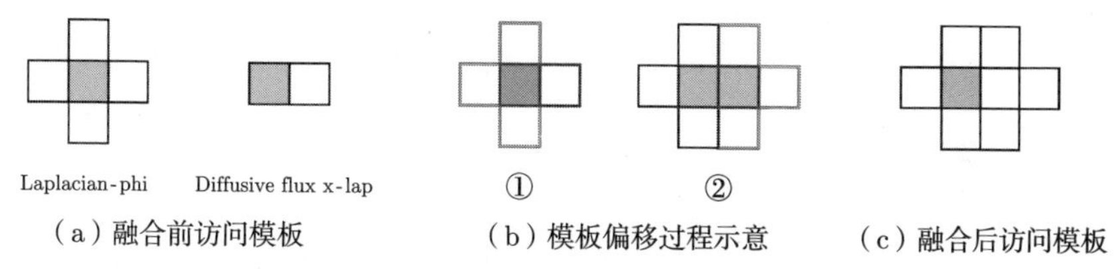

（a）融合前访问模板　（b）模板偏移过程示意　（c）融合后访问模板

图 6.13　模板偏移示意图

融合后算子后需对相同物理量的访问模板需进行合并，具体为每个访问位置进行逻辑与操作。例如，融合前 Diffusive flux x 算子对 phi 的访问模板如图 6.4（b）所示，融合后新加入了图 6.13（c）的对 phi 的访问模板，两个模板合并后形状与图 6.13（c）中相同。

同时，访问模板对应的卷积核也需要基于模板偏移进行上述变换。式(6.3)展示了 Laplacian 算子和 Diffusive flux x 算子进行融合后对 phi 的新卷积核。

$$\begin{bmatrix} 0 & -1 & 1 & 0 \\ -1 & 5 & -5 & 1 \\ 0 & -1 & 1 & 0 \end{bmatrix} \tag{6.3}$$

（2）性能模型指导的算子融合策略选择

融合后的算子的计算和访存特征发生变化。在某些情况下，融合后算子的性能相较于融合前算子反而存在性能下降，这是因为融合后的算子可能会带来更多的计算。对于这种情况，选择不进行算子融合是更优的策略。为了判断算子之间是否需要融合，本书采用 ECM（execution-cache-memory）模型对融合前后算子的性能进行预测，从而实现算子融合策略的选择。

ECM 模型是 Roofline 模型的一种广义形式，通过计算访存特性预测性能。具体地，ECM 模型首先对一个模块内的计算（包括算术和跳转等操作）和各级访存（包括 L1 级缓存、L2 级缓存、L3 级缓存和内存访问）的性能都进行预测，然后通过完全重叠、不重叠或部分重叠的模式进行整体性能预测，重叠模式针对目标架构而定。

在完全重叠模式下，整体的预测性能为所有部分性能的最大值。例如，所有部分的性能分别为 $P_1, P_2, \cdots, P_n$，则整体预测性能在完全重叠的模式下应为 $P = \max\{P_1, P_2, \cdots, P_n\}$。

在不重叠模式下，整体的预测性能为所有部分性能的和。例如，所有部分的性能分别为 $P_1, P_2, \cdots, P_n$，则整体预测性能在完全重叠的模式下应为 $P = \sum\limits_{i=1}^{n} P_i$。

部分重叠指一些部分之间采用完全重叠的模式进行预测，而一些部分之间采用不重叠模式进行预测。例如，对于大多数现代 CPU，各级访存之间应通过不重叠模式预测性能，而计算负载和各级访存之间应通过完全重叠模式进行预测，图 6.14 展示了多数现代 CPU 架构下以部分重叠模式的预测示意图。

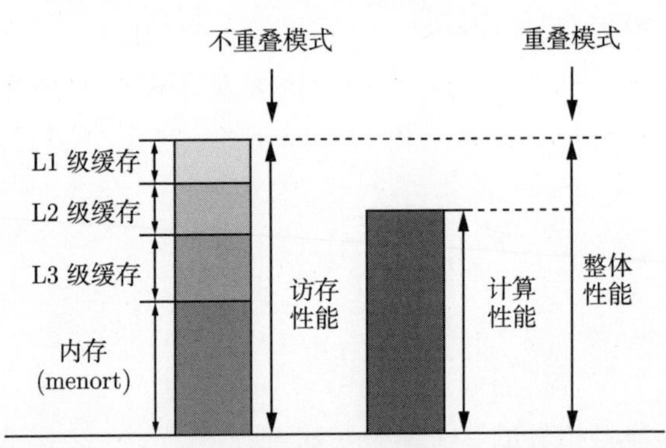

图 6.14 ECM 模型部分重叠模式下的预测示意图

领域中间表达中算子的访问模板和计算模式可以分别反映出该算子的访存和计算特性，具体为各级访存次数和各类计算操作数。ECM 模型以算子的访存次数和计算操作数作为输入，以图 6.14 中的部分重叠模式预测算子的大致性能。对于算子 A 和算子 B，融合前算子的预测性能为两个算子分别通过 ECM 模型预测的性能之和，如式(6.4)所示。融合后的算子（标记为 AB）的预测性能如式(6.5)所示。通过对比融合前后的算子性能，决定是否进行融合。

$$P_1 = \mathrm{ECM(A)} + \mathrm{ECM(B)} \tag{6.4}$$

$$P_2 = \mathrm{ECM(AB)} \tag{6.5}$$

以下介绍如何通过访问模板和计算模式分析访存次数及计算操作数。

通过对访问模板的分析，可以得到对应物理量的内存访问次数。由于缓存（cache）是以缓存块（cache line）为粒度的，一次内存访问将会读取一个缓存块至缓存中。目前主流 CPU 的缓存块为 64 字节，对于双精度浮点数格式（8 字节）的物理量，一次内存访问将会把内存上相邻位置的 8 个浮点数读入缓存中。例如，对于图 6.4（a）中 Laplacian 算子对 phi 的访问模版，假设物理量 phi 以列优先排布，可知 Laplacian 算子对 phi 一共有 3 次内存访问和 2 次缓存访问。

此外，性能模型还考虑了物理空间形状对的访存特性的影响。物理空间的大小会影响算子计算时 L1 级缓存、L2 级缓存、L3 级缓存和内存的访问次数。算子实质是多层嵌套循环，嵌套层数与物理空间的维度相关。假设，算子内有 3 次物理量的内存访问，L1 级缓存、L2 级缓存和 L3 级缓存的容量均为 2000（此处量纲为网格 × 物理量）。对于 500 × 500 的物理空间，在进行算子计算时，内层循环 500 次的完整访问量约为 500 × 3 = 1500，可以被 L1 缓存完全缓冲。而对于 2000 × 2000 的物理空间，内层循环的完整访问量约为 2000 × 3 = 6000，则需要动用 L1 级缓存、L2 级缓存和 L3 级缓存才能将内层循环的访问缓冲住。基于以上原理，性能模型通过数学公式，结合物理空间和硬件缓存容量信息，预估算子分别对 L1 级缓存、L2 级缓存、L3 级缓存和内存的访问次数。

算子的计算操作数可通过分析算子内卷积操作、元素级操作和归约操作得到，具体分析方法如下：

①卷积操作。对于卷积操作，计算操作数与卷积核相关。具体地，卷积核中非零元个数与绝对值不等于 1 的个数相加再减一即为计算操作数。

②元素级操作。对于元素级操作，计算操作数由元素级操作的操作数和作用对象的维度相乘得到。元素级操作包含算术操作、逻辑操作等，各类操作需分别进行统计。

③归约操作。对于归约操作，计算操作数与作用对象的维度和归约操作的类型相关。

2. 算子优化

在计算图优化之后，PUZZLE 进一步进行算子内的优化。一个算子在递降后对应于通用中间表达上的一个嵌套循环，嵌套循环可以通过诸如循环展开等技术进行访存局部性优化。本书发现结合领域层中间表达上的信息可以更好地指导通用层嵌套循环的优化。领域中间表达相比于通用中间表达更清晰地表示计算和访存特性（如计算操作次数和各级访存次数），因此在领域中间表达上更容易确定最优的优化策略。算子优化仅在领域中间表达上确定优化策略，而真正的优化变换在递降至通用中间表达后进行。

6.4.2 通用优化

领域中间表达递降至通用中间表达后，即可进行通用优化。领域中间表达中的算子被展开为嵌套循环。通用层主要针对展开后的循环进行访存局部性优化，包括仿射变换（affine transformation）、循环重排（re-ordering）、循环划分（spliting）、循环分块（tiling）等。以下简要介绍部分优化技术：

仿射变换是基于多面体模型[138] 的优化。多面体模型将嵌套循环中的一次循环迭代作为多面体数学空间中的一个格点。嵌套循环的每一次循环迭代之间通常有复杂的依赖关系。在这些复杂依赖的限制下，仿射变换通过等价变换多面体数学空间的形状，以增加访存连续性和寻求并行机会。多面体数学空间的变换的实质是改变嵌套循环内的访存模式和计算次序。

循环展开可以减少分支条件和跳转指令的执行，从而加速执行。通常循环展开的层数是循环次数的因子，即可以被循环次数整除。

循环分块技术可以提升嵌套循环的访问局部性和并行性。当嵌套循环的外层循环次数很大时，循环内一些基于外层循环变量的数据访问将因为跨度过大而无法被重用。循环分块技术可以有效提高该情况下的数据重用率，从而提升性能。

6.4.3 硬件级优化

硬件级优化基于硬件中间表达实现。PUZZLE 以不同中间表达表示不同的硬件平台特性，包括主流的 CPU 和 GPU 平台。本节主要介绍 CPU

和 GPU 平台上的主要优化以及对应的优化策略选择。

（1）CPU 平台优化

对于 CPU 平台，通用中间表达递降的过程中，PUZZLE 为每一个嵌套循环进行 OpenMP 并行（6.3.2 节）。PUZZLE 为每个嵌套循环设定其特定的运行时线程数。在 CPU 平台上，每个线程在运行时占用一个核，核间共享 L3 缓存。过少的线程数无法达到循环内最高的并行度，而过多的线程数会导致访存量过大，使访问对象被替换出 L3 缓存。因此，针对每一个嵌套循环，依据其并行度和访存量选择一个最合适的运行线程数，才能达到最佳性能。在领域层中，通过领域中间表达中对访存特性的分析，可以得知每个算子（对应于通用层和硬件层的嵌套循环）的访存量。在通用层中，仿射变换优化改变迭代间的依赖关系，并可以计算变换后嵌套循环的并行度。在中间表达递降的过程中，访存量和并行度信息被传递至硬件层中。通过结合以上领域层和通用层信息（访存量和并行度）和硬件层信息（如目标平台的 L3 缓存容量等），可以推算出每个嵌套循环最合适的运行线程数。

（2）GPU 平台优化

对于 GPU 平台，每个嵌套循环被提取为一个 GPU 内核函数（6.3.2 节）。针对 GPU 平台的主要优化是 GPU 线程映射。线程映射通过建立合适维度、块数以及块内线程数的计算网格提高 GPU 内存访问的带宽。PUZZLE 为每个 GPU 内核函数设定其特定的线程映射方式。GPU 平台的线程映射策略选择的原理与 CPU 平台的线程数选择类似，嵌套循环内的并行度和访存量是决定线程映射方式的关键因素。访存量和并行度信息可以在领域层和通用层分析，并传递至硬件层。结合 GPU 平台的 L2 缓存容量，PUZZLE 通过数学公式推算出线程映射方式。

PUZZLE 的通用层和硬件层基于 MLIR 实现，因而通用优化和硬件级优化基于 MLIR 的优化遍实现。MLIR 的遍延续了 LLVM 编译器中遍的设计思想，但相比于 LLVM 编译器，基于 MLIR 实现优化的便捷性得到了两方面的改善：

一方面，MLIR 提供了大量内置方言，每种方言都包含内置优化遍。在开发领域特定编译器时，可以直接复用这些内置优化遍，而无需手动通过更低级的编程接口实现常见的优化策略。

另一方面，MLIR 的方言允许在不同抽象层表示程序的计算、访问等特性，基于不同层次的方言可以更便捷地实现对应层次的优化。例如，基于通用层的仿射方言，可以更容易实现循环的仿射变换。基于硬件层的 GPU 方言，可以更清晰地表述 GPU 特性，从而更容易实现线程映射等优化。

6.5 实 验

6.5.1 实验配置

1. 实验平台

本章在一个测试平台上进行实验：

GORGON-GPU。单节点配备 2 颗 12 核 Intel Xeon E5-2670(v3) 处理器（共计 24 核）和 1 块 NVIDIA Tesla V100，CPU 的主频为 3.1 GHz，内存为 128 GB。

2. 测试程序

本书使用 PUZZLE 实现了 FV3 动力框架[①]（finite-volume cubed-sphere dynamical core）的八个代表性程序。例如，uvbke 是动能计算的预处理步骤，nh_p_grad 和 p_grad_c 对三维压力梯度进行计算，hdiffsa 进行四阶单调数值平滑滤波操作。这些程序均在三维空间进行物理模拟，它们具有不同的计算访问模式，表 6.2 给出了它们的相关信息，包括维度、算子数、物理量数、访问操作数、算术操作数和操作类型。表中数据表明，这些程序的计算强度（计算访存比例）存在差异，本书针对程序的不同计算访存模式进行了特定优化。

3. 实验方法

本书首先测试了 8 个测试程序在 CPU 和 GPU 平台上的端到端运行时间，并与 GCC 编译器进行比较。然后，评估 PUZZLE 中性能模型对算子融合策略、线程数和线程映射的指导作用，分别设置对比系统进行

① FV3 动力框架是 CM4 和 GEOS-5 全球大气模式以及美国国家气象局全球天气预报系统的关键组件。

比较验证。对于本章中的所有测试，均以三次运行时间的平均值作为最终数据。

表 6.2　FV3 动力框架核心程序的特征信息

程序	算子数	物理量数	访问操作数	算术操作数	其他计算操作
fastwavesuv	6	14	46	43	无
hadvuv	8	12	58	98	元素级（逻辑）
hadvuv5th	8	12	74	154	元素级（逻辑）
hdiffsa	3	6	29	21	元素级（逻辑）
hdiffsmag	3	7	37	54	元素级（逻辑）、归约
nh_p_grad	3	13	53	47	无
p_grad_c	2	10	28	22	无
uvbke	2	6	14	12	无

6.5.2　端到端性能

本节对 8 个使用 PUZZLE 实现的程序在 CPU 和 GPU 平台上的端到端性能进行测试，并与 GCC 的 O3 编译优化进行对比。测试时间不包括数据初始化和数据输出（I/O）时间。

图 6.15 展示了各测试程序使用 GCC 的 O3 进行优化的性能及 PUZZLE 在 CPU 平台和 GPU 平台上的性能。横轴表示不同的空间规模，纵轴表示加速比。在 64×64×64 空间规模下，所有程序在 CPU 平台上的平均加速比达到 5.71 倍（最大为 13.45 倍，最小为 1.67 倍），在 GPU 平台上的平均加速比达到 188.26 倍（最大为 619.76 倍，最小为 32.84 倍）。在 128×128×128 空间规模下，所有程序在 CPU 平台上的平均加速比达到 17.38 倍（最大为 43.23 倍，最小为 5.09 倍），在 GPU 平台上的平均加速比达到 293.11 倍（最大为 1138.76 倍，最小为 35.23 倍）。

6.5.3　性能模型的有效性测试

本节通过对比实验验证性能模型的指导作用，分别针对算子融合策略选择、OpenMP 线程数选择和 GPU 线程映射策略选择进行验证。

（1）算子融合策略

为了验证 PUZZLE 中性能模型对算子融合策略选择的指导作用，本书采用两个对比系统进行性能对比，分别是不进行算子融合（不融合）和所有算子进行融合（完全融合）。在算子融合策略选择的验证实验中，所有程序均在 64×64×64 的空间规模下进行测试，且均在 CPU 平台以 1 线程规模运行。

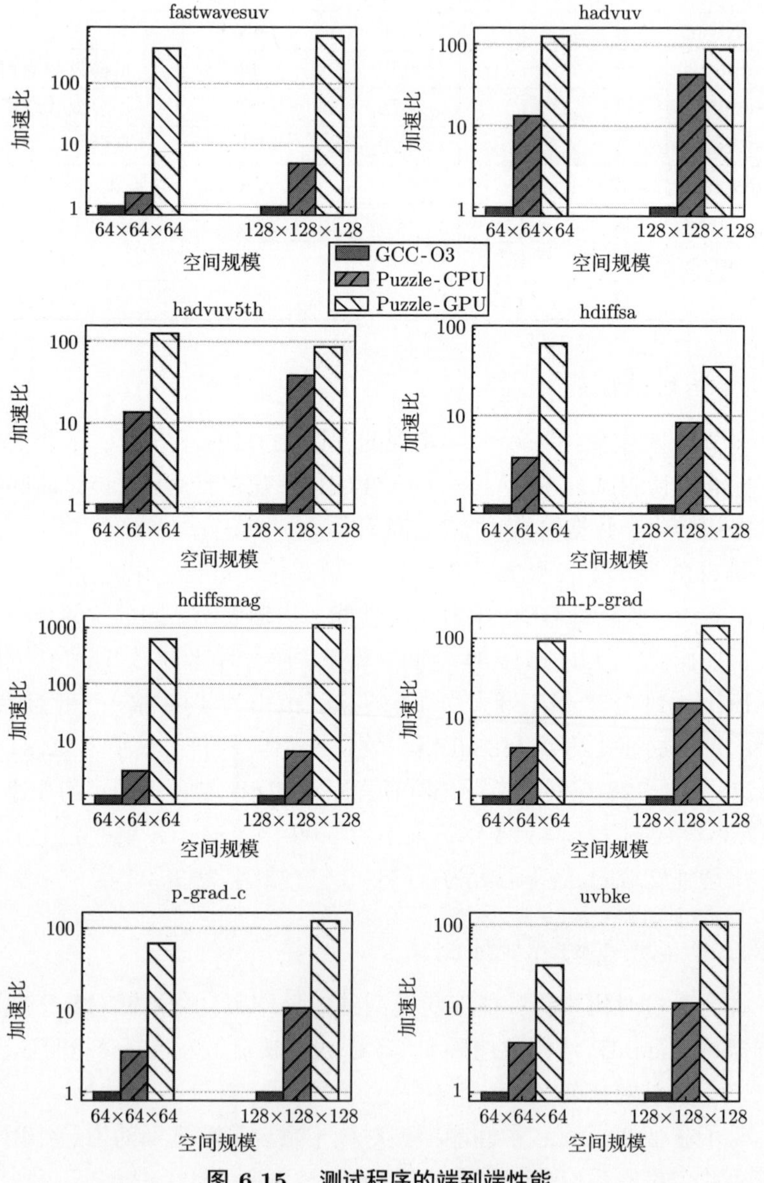

图 6.15 测试程序的端到端性能

图 6.16 展示了 PUZZLE 模型指导的算子融合策略选择和两个对比系统的运行性能。对比于不融合策略，所有程序在 PUZZLE 模型指导下的算术平均加速比为 1.39 倍（几何平均为 1.37 倍）；对比于完全融合策略，所有程序在 PUZZLE 模型指导下的算术平均加速比为 1.09 倍（几何平均为 1.08 倍）。对于大部分程序，PUZZLE 模型指导策略的运行时间低于或等于两个对比系统。其中，对于 hadvuv5th、nh_p_grad 和 p_grad_c 程序，PUZZLE 模型可以找到更优的算子融合策略，使其运行时间低于两个对比系统。对于 hdiffsmag 程序，PUZZLE 模型指导策略的运行时间略高于完全融合的对比系统，即对于该程序，PUZZLE 模型并未搜索到最优的策略。可能的原因是 hdiffsmag 中包含复杂的归约操作，PUZZLE 模型对归约计算的考虑不够全面，有待在未来工作中完善。

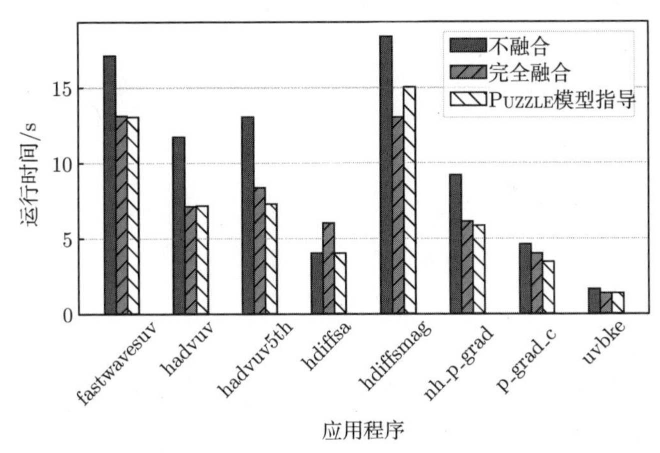

图 6.16　不同算子融合策略下的运行时间

（2）OpenMP 线程数

为了验证性能模型对 OpenMP 运行线程数选择的指导作用，本书采用两个对比系统对比性能，分别是 4 线程（相对较小的线程数）和 24 线程（与单节点物理核数量相同）。在线程数选择的验证实验中，所有程序均在 128×128×128 的空间规模下进行测试。为了尽量降低性能抖动带来的影响，本书运行时将每个线程绑定在一个固定的物理核上。

图 6.17 展示了 PUZZLE 模型指导的 OpemMP 线程数选择与两个对比系统的运行性能。对比于 4 线程数，所有程序在 PUZZLE 模型指导下的

算术平均加速比为 3.30 倍（几何平均为 3.01 倍）；对比于 24 线程数，所有程序在 PUZZLE 模型指导下的算术平均加速比为 1.13 倍（几何平均为 1.13 倍）。在 PUZZLE 模型指导下，8 个程序使用的平均线程数为 20.38。

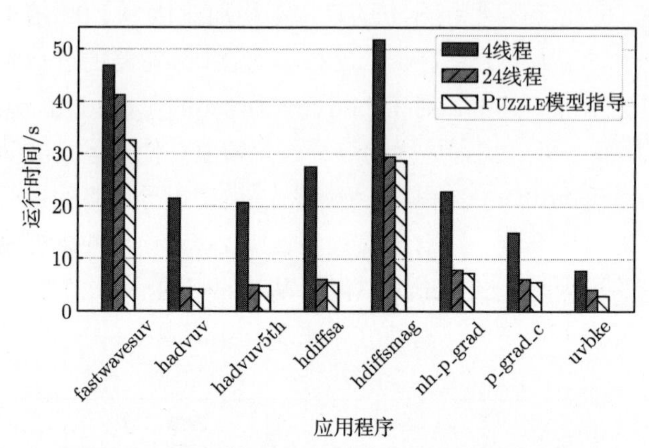

图 6.17 不同 OpenMP 线程数下的运行时间

（3）GPU 线程映射策略

为了验证性能模型对线程映射策略选择的指导作用，本书采用一个对比系统进行对比，该对比系统采用的 block 形状为 ⟨64, 1, 1⟩。在 GPU 线程策略选择的验证实验中，所有程序均在 128×128×128 的空间规模下进行测试。

图 6.18 展示了 PUZZLE 模型指导的 GPU 线程映射策略选择与对比

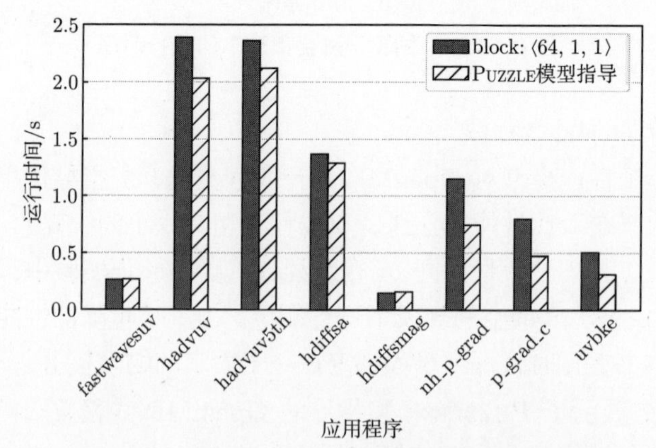

图 6.18 不同 GPU 线程映射策略的运行时间

系统的运行性能。相较于对比系统，所有程序在 PUZZLE 模型指导的策略下的算术平均加速比为 1.26 倍（几何平均为 1.15 倍），最大加速比为 1.68 倍。例如，在 PUZZLE 模型的指导下，nh_p_grad 和 p_grad_c 使用 ⟨512，1，1⟩ 的 block 形状，运行性能提升 1.55 和 1.68。表 6.2 表明，nh_p_grad 和 p_grad_c 具有较低的计算访存比例，PUZZLE 模型推荐使用更大的 block 形状以实现更好的访存局部性。

6.6 小　结

本章设计了一个面向领域的多层次性能优化框架 PUZZLE。PUZZLE 通过建立领域层、通用层和硬件层的中间表达，支持对各层次的特性表达，并基于各层次的特性进行全面优化。同时，PUZZLE 融入性能模型，指导优化策略选择，实现深度优化。目前，本书提出的性能模型仅适用于简单的效果验证，有待进一步进行完善。本书以计算流体力学领域为例，验证了 PUZZLE 框架，同时设计了面向计算流体力学的领域中间表达和领域特定语言，支持结构化网格下的显式求解。此外，本书在 PUZZLE 上实现真实应用中的多个程序。实验结果表明，相较于开源实现，PUZZLE 实现的版本在 CPU 上可实现平均 11.55 倍的加速，在 GPU 上实现 1~2 个数量级的性能提升。

第 7 章　总结与展望

7.1　本书工作总结

并行程序广泛应用于现代社会的生产生活中，并行程序的性能（运行效率）直接影响社会的稳定运转。然而，许多并行程序不能高效地利用大规模集群的计算资源，造成了资源浪费。应用程序中的复杂计算与通信模式、高性能计算机的异构架构与拓扑网络等各种因素，使繁杂的性能问题相互交织，导致性能瓶颈十分隐蔽，需要高昂的开销和大量人力实现精确性能分析。本书在现有工作的基础上，进一步研究了其中的关键技术。本书的主要内容包括：

（1）提出了基于图的并行程序可扩展性瓶颈检测系统 ScalAna。该技术通过静态分析提取程序的结构和控制流信息，有效降低运行时开销，仅引入平均 1.73%的运行时开销和 4.72 MB 的存储开销。此外，ScalAna 通过基于图的反向追踪技术定位复杂依赖关系下的可扩展性瓶颈。本书针对包括 SST 模拟器在内的多个真实应用进行可扩展性瓶颈检测，进行针对性优化后，实现至多 73.12%的性能提升。

（2）提出了面向性能分析的领域特定编程框架 PerFlow，以降低性能分析工具的开发复杂性。该框架基于数据流图表示性能分析过程，定义程序抽象图表示程序性能行为，并提供多级编程接口，以描述性能分析任务。此外，PerFlow 基于二进制文件进行分析，适用于生产环境。PerFlow 已成功部署于北京应用物理与计算数学研究所的生产集群上，指导软件参数调优。本书使用 PerFlow 对超过 70 万行代码的 LAMMPS 等应用进行定制化性能分析，通过数十行代码实现各种复杂的性能分析任务。

（3）提出了异步策略感知的性能建模技术 ASMOD，通过性能模型指导优化。ASMOD 通过性能解耦技术感知异步策略对整体性能的影响，支持以不同异步策略作为模型输入，指导程序员进行深度异步优化。ASMOD 提出基于图的硬件平台感知性能模拟技术，同时考虑应用程序的异步策略和硬件资源的限制。本书以典型科学计算应用 HPL 为案例对 ASMOD 进行验证，在不同硬件架构上评估 ASMOD 的准确性和高效性。本书针对"神威·太湖之光"上超过 400 万核规模的 HPL 进行性能预测，预测误差仅为 1.09%，预测效率极高（毫秒级）。

（4）提出了面向领域的多层次性能优化框架 Puzzle。为实现全面且深入的性能优化，Puzzle 为领域应用、通用表达和硬件平台建立了多级中间表达，支持各层次性能优化，实现了在 CPU 和 GPU 平台上自动且全面的性能优化。相较于 GCC 的 O3 优化，端到端性能平均提升 11.55 倍（CPU 平台）和 240.69 倍（GPU 平台）。同时，Puzzle 融入了性能模型，指导各层次的优化策略选择，实现深度优化。模型指导的优化策略相较于对比策略可带来 1.09 倍至 3.30 倍的性能提升。

7.2　后续研究方向

针对大规模并行程序的性能分析和优化这一主题，在本书工作的基础上，可以针对以下几个方面进一步开展研究：

（1）并行程序的定量性能分析。本书的 ScalAna 工作实现了并行程序的可扩展性瓶颈检测技术，该技术属于定性分析。并行程序中通常存在多个性能瓶颈，需要对性能瓶颈的严重性进行定量评估，以便程序员针对最严重的瓶颈进行优化。此外，程序员在优化前通常希望对优化效果进行预测评估，而并行程序中的复杂依赖可能导致局部代码段的优化对端到端性能提升的影响难以评估。研究局部代码段性能提升对整体性能的定量预测技术，可以有效指导程序员进行有针对性的优化。本书提出的 PerFlow 编程框架可用于定量性能分析的相关研究，帮助降低开发复杂性。

（2）面向性能分析的领域特定编程框架的扩展。本书的 PerFlow 工作实现了面向性能分析的领域特定编程框架，将程序的性能行为抽象为图，并提供基于图的编程接口协助开发人员访问和分析程序性能。目前的分析模式存在一定的局限性，具体体现在不支持对程序抽象图进行变换。扩展基于图的编程接口，允许对程序抽象图进行变换，可以使 PerFlow 支持更多的分析场景。例如，通过支持切换不同粒度（函数级、循环级、指令级等）的图变换编程接口，可实现从粗粒度至细粒度的逐步分解分析。通过支持合并不同进程或线程的图变换编程接口，可实现基于代表性重放的性能预测[139] 等分析。

（3）多层次性能优化框架的模型与层间信息传递模式设计。本书的 Puzzle 工作实现了面向领域的多层次性能优化框架，针对领域层、通用层和硬件层分别建立了中间表达。Puzzle 中用于指导优化策略选择的性能模型有待进一步修正。此外，在 Puzzle 中，通过上层分析得到的优化策略可以指导下层优化，优化信息的传递方向是自上而下的。本书发现，应用层优化需要硬件层的信息，例如，在进行算子融合和划分时，需要结合硬件寄存器数量信息进行优化策略的二次评估，这意味着在优化中需要自下而上地传递信息。针对此问题，可以在 Puzzle 中设计一种层间优化信息传递模式以指导更有效且高效的优化。

参考文献

[1] YANG C, XUE W, FU H, et al. 10m-core scalable fully-implicit solver for nonhydrostatic atmospheric dynamics[C]//Proceedings of the International Conference for High Performance Computing, Networking, Storage and Analysis. IEEE, 2016: 57-68.

[2] FU H, LIAO J, DING N, et al. Redesigning cam-se for peta-scale climate modeling performance and ultra-high resolution on sunway taihulight[C]//Proceedings of the International Conference for High Performance Computing, Networking, Storage and Analysis. 2017: 1-12.

[3] KURTH T, TREICHLER S, ROMERO J, et al. Exascale deep learning for climate analytics[C]//Proceedings of the International Conference for High Performance Computing, Networking, Storage, and Analysis. 2018: 1-12.

[4] QIAO F, ZHAO W, YIN X, et al. A highly effective global surface wave numerical simulation with ultra-high resolution[C]//Proceedings of the International Conference for High Performance Computing, Networking, Storage and Analysis. IEEE, 2016: 46-56.

[5] HEINECKE A, BREUER A, RETTENBERGER S, et al. Petascale high order dynamic rupture earthquake simulations on heterogeneous supercomputers[C]//Proceedings of the International Conference for High Performance Computing, Networking, Storage and Analysis. IEEE, 2014: 3-14.

[6] FU H, HE C, CHEN B, et al. 18.9-pflops nonlinear earthquake simulation on sunway taihulight: enabling depiction of 18-hz and 8-meter scenarios[C]//Proceedings of the International Conference for High Performance Computing, Networking, Storage and Analysis. 2017: 1-12.

[7] JOUBERT W, WEIGHILL D, KAINER D, et al. Attacking the opioid epidemic: determining the epistatic and pleiotropic genetic architectures for chronic pain and opioid addiction[C]//Proceedings of the International Conference for High Performance Computing, Networking, Storage, and Analysis. 2018: 1-14.

[8] SENIOR A W, EVANS R, JUMPER J, et al. Improved protein structure prediction using potentials from deep learning[J]. Nature, 2020, 577(7792): 706-710.

[9] JUMPER J, EVANS R, PRITZEL A, et al. Highly accurate protein structure prediction with alphafold[J]. Nature, 2021, 596(7873): 583-589.

[10] GLASER J, VERMAAS J V, ROGERS D M, et al. High-throughput virtual laboratory for drug discovery using massive datasets[J]. The International Journal of High Performance Computing Applications, 2021, 35(5): 452-468.

[11] CASALINO L, DOMMER A C, GAIEB Z, et al. Ai-driven multiscale simulations illuminate mechanisms of sars-cov-2 spike dynamics[J]. The International Journal of High Performance Computing Applications, 2021, 35(5): 432-451.

[12] JASAK H, JEMCOV A, TUKOVIC Z, et al. Openfoam: A C++ library for complex physics simulations[J]. International Workshop on Coupled Methods in Numerical Dynamics: Volume 1000. IUC Dubrovnik Croatia, 2007: 1-20.

[13] MO Z, ZHANG A, CAO X, et al. Jasmin: a parallel software infrastructure for scientific computing[J]. Frontiers of Computer Science in China, 2010, 4(4): 480-488.

[14] LIN H, ZHU X, YU B, et al. ShenTu: processing multi-trillion edge graphs on millions of cores in seconds[C]//Proceedings of the International Conference for High Performance Computing, Networking, Storage, and Analysis. 2018: 1-11.

[15] DONGARRA J, HEROUX M A, LUSZCZEK P. High-performance conjugate-gradient benchmark: A new metric for ranking high-performance computing systems[J]. The International Journal of High Performance Computing Applications, 2016, 30(1): 3-10.

[16] MEUER H, STROHMAIER E, DONGARRA J, et al. Top500 supercomputer sites[EB/OL]. 2022[2022-03-14]. https://www.top500.org.

[17] REINDERS J. Vtune performance analyzer essentials: volume 9[M]. Intel Press Santa Clara, 2005.

[18] ADHIANTO L, BANERJEE S, FAGAN M, et al. Hpctoolkit: Tools for performance analysis of optimized parallel programs[J]. Concurrency and Computation: Practice and Experience, 2010, 22(6): 685-701.

[19] VETTER J, CHAMBREAU C. mpip: Lightweight, scalable mpi profiling [EB/OL]. 2022[2022-03-14]. https://software.llnl.gov/mpiP/.

[20] GRAHAM S L, KESSLER P B, MCkUSICK M K. Gprof: A call graph

execution profiler[J]. ACM SIGPLAN Notices, 1982, 17(6): 120-126.

[21] GEIMER M, WOLF F, WYLIE B J, et al. The scalasca performance toolset architecture[J]. Concurrency and Computation: Practice and Experience, 2010, 22(6): 702-719.

[22] INTEL. Intel trace analyzer and collector[EB/OL]. 2015[2022-03-14]. https://www.intel.com/content/www/us/en/developer/tools/oneapi/trace-analyzer.html.

[23] KNÜPFER A, BRUNST H, DOLESCHAL J, et al. The vampir performance analysis tool-set[M]//Tools for high performance computing. Springer, 2008: 139-155.

[24] SHENDE S S, MALONY A D. The tau parallel performance system[J]. The International Journal of High Performance Computing Applications, 2006, 20(2): 287-311.

[25] ZHAI J, SHENG T, HE J, et al. Fact: Fast communication trace collection for parallel applications through program slicing[C]//Proceedings of the Conference on High Performance Computing Networking, Storage and Analysis. 2009: 1-12.

[26] ZHAI J, HU J, TANG X, et al. Cypress: combining static and dynamic analysis for top-down communication trace compression[C]//Proceedings of the International Conference for High Performance Computing, Networking, Storage and Analysis. IEEE, 2014: 143-153.

[27] WANG H, ZHAI J, TANG X, et al. Spindle: informed memory access monitoring[C]//Proceedings of the 2018 USENIX Conference on Annual Technical Conference. 2018: 561-574.

[28] TANG X, ZHAI J, QIAN X, et al. vsensor: leveraging fixed-workload snippets of programs for performance variance detection[C]//Proceedings of the 23rd ACM SIGPLAN symposium on principles and practice of parallel programming. 2018: 124-136.

[29] BOHME D, GEIMER M, WOLF F, et al. Identifying the root causes of wait states in large-scale parallel applications[C]//Proceedings of the 2010 39th International Conference on Parallel Processing. 2010: 90-100.

[30] SCHMITT F, DIETRICH R, JUCKELAND G. Scalable critical-path analysis and optimization guidance for hybrid mpi-cuda applications[J]. The International Journal of High Performance Computing Applications, 2017, 31(6): 485-498.

[31] LIU X, WU B. Scaanalyzer: A tool to identify memory scalability bottlenecks in parallel programs[C]//Proceedings of the International Conference

for High Performance Computing, Networking, Storage and Analysis. ACM, 2015: 47.

[32] WEI G, QIAN D, YANG H, et al. Fpowertool: A function-level power profiling tool[J]. IEEE Access, 2019, 7: 185710-185719.

[33] FU H, LIAO J, XUE W, et al. Refactoring and optimizing the community atmosphere model (cam) on the sunway taihulight supercomputer[C]// Proceedings of the International Conference for High Performance Computing, Networking, Storage and Analysis. IEEE, 2016: 969-980.

[34] WANG P, JIANG J, LIN P, et al. The gpu version of lasg/iap climate system ocean model version 3 (licom3) under the heterogeneous-compute interface for portability (hip) framework and its large-scale application[J]. Geoscientific Model Development, 2021, 14(5): 2781-2799.

[35] EDWARDS H C, TROTT C R, SUNDERLAND D. Kokkos: Enabling many-core performance portability through polymorphic memory access patterns [J]. Journal of parallel and distributed computing, 2014, 74(12): 3202-3216.

[36] BECKINGSALE D A, BURMARK J, HORNUNG R, et al. Raja: Portable performance for large-scale scientific applications[C]//2019 IEEE/ACM International Workshop on Performance, Portability and Productivity in HPC (P3HPC). IEEE Computer Society, 2019: 71-81.

[37] KERYELL R, REYES R, HOWES L. Khronos sycl for opencl: a tutorial [C]//Proceedings of the 3rd International Workshop on OpenCL. 2015: 1-1.

[38] STONE J E, GOHARA D, SHI G. Opencl: A parallel programming standard for heterogeneous computing systems[J]. Computing in science & engineering, 2010, 12(3): 66.

[39] BEN-NUN T, DE FINE LICHT J, ZIOGAS A N, et al. Stateful dataflow multigraphs: A data-centric model for performance portability on heterogeneous architectures[C]//Proceedings of the International Conference for High Performance Computing, Networking, Storage and Analysis. 2019: 1-14.

[40] RAGAN-KELLEY J, BARNES C, ADAMS A, et al. Halide: a language and compiler for optimizing parallelism, locality, and recomputation in image processing pipelines[J]. ACM SIGPLAN Notices, 2013, 48(6): 519-530.

[41] KJOLSTAD F, CHOU S, LUGATO D, et al. Taco: A tool to generate tensor algebra kernels[C]//2017 32nd IEEE/ACM International Conference on Automated Software Engineering. IEEE, 2017: 943-948.

[42] HU Y, LI T M, ANDERSON L, et al. Taichi: a language for high-performance computation on spatially sparse data structures[J]. ACM Trans-

actions on Graphics, 2019, 38(6): 1-16.

[43] CHEN T, MOREAU T, JIANG Z, et al. Tvm: An automated end-to-end optimizing compiler for deep learning[C]//13th USENIX Symposium on Operating Systems Design and Implementation. 2018: 578-594.

[44] GYSI T, OSUNA C, FUHRER O, et al. Stella: A domain-specific tool for structured grid methods in weather and climate models[C]//Proceedings of the international conference for high performance computing, networking, storage and analysis. 2015: 1-12.

[45] LATTNER C, ADVE V. Llvm: A compilation framework for lifelong program analysis & transformation[C]//International Symposium on Code Generation and Optimization. IEEE, 2004: 75-86.

[46] WILLIAMS W R, MENG X, WELTON B, et al. Dyninst and mrnet: Foundational infrastructure for parallel tools[M]//Tools for High Performance Computing 2015. Springer, 2016: 1-16.

[47] SHOSHITAISHVILI Y, WANG R, SALLS C, et al. Sok: (state of) the art of war: Offensive techniques in binary analysis[C]//IEEE Symposium on Security and Privacy. 2016.

[48] LUK C K, COHN R, MUTH R, et al. Pin: building customized program analysis tools with dynamic instrumentation[J]. ACM SIGPLAN Notices, 2005, 40(6): 190-200.

[49] BRUENING D, DUESTERWALD E, AMARASINGHE S. Design and implementation of a dynamic optimization framework for windows[C]//In 4th ACM Workshop on Feedback-Directed and Dynamic Optimization. Citeseer, 2000.

[50] NETHERCOTE N, SEWARD J. Valgrind: a framework for heavyweight dynamic binary instrumentation[J]. ACM Sigplan Notices, 2007, 42(6): 89-100.

[51] TERPSTRA D, JAGODE H, YOU H, et al. Collecting performance data with papi-c[M]//Tools for High Performance Computing 2009. Springer, 2010: 157-173.

[52] GROPP W, GROPP W D, LUSK E, et al. Using mpi: portable parallel programming with the message-passing interface: volume 1[M]. MIT press, 1999.

[53] TALLENT N R, ADHIANTO L, MELLOR-CRUMMEY J M. Scalable identification of load imbalance in parallel executions using call path profiles[C]// Proceedings of the International Conference for High Performance Computing, Networking, Storage and Analysis. 2010: 1-11.

[54] BUTENHOF D R. Programming with posix threads[M]. Addison-Wesley Professional, 1997.
[55] DAGUM L, MENON R. Openmp: an industry standard api for shared-memory programming[J]. IEEE computational science and engineering, 1998, 5(1): 46-55.
[56] JANUARY C, BYRD J, ORÓ X, et al. Allinea map: Adding energy and openmp profiling without increasing overhead[M]//Tools for High Performance Computing 2014. Springer, 2015: 25-35.
[57] KAUFMANN S, HOMER B. Craypat-cray x1 performance analysis tool[J]. Cray User Group, 2003.
[58] KNÜPFER A, RÖSSEL C, BIERSDORFF S, et al. Score-p: A joint performance measurement run-time infrastructure for periscope, scalasca, tau, and vampir[M]//Tools for High Performance Computing 2011. Springer, 2012: 79-91.
[59] PFISTER H, KAUFMAN A. Cube-4-a scalable architecture for real-time volume rendering[C]//Proceedings of 1996 Symposium on Volume Visualization. IEEE, 1996: 47-54.
[60] KNÜPFER A, BRENDEL R, BRUNST H, et al. Introducing the open trace format (OTF)[C]//International Conference on Computational Science. Springer, 2006: 526-533.
[61] PILLET V, LABARTA J, CORTES T, et al. Paraver: A tool to visualize and analyze parallel code[C]//Proceedings of WoTUG-18: transputer and occam developments: volume 44. Citeseer, 1995: 17-31.
[62] NOETH M, RATN P, MUELLER F, et al. Scalatrace: Scalable compression and replay of communication traces for high-performance computing[J]. Journal of Parallel and Distributed Computing, 2009, 69(8): 696-710.
[63] WU X, MUELLER F. Elastic and scalable tracing and accurate replay of non-deterministic events[C]//Proceedings of the 27th international ACM conference on International conference on supercomputing. 2013: 59-68.
[64] ARNOLD D C, AHN D H, DE SUPINSKI B R, et al. Stack trace analysis for large scale debugging[C]//2007 IEEE International Parallel and Distributed Processing Symposium. IEEE, 2007: 1-10.
[65] ZHOU F, GAN Y, MA S, et al. wperf: generic off-cpu analysis to identify bottleneck waiting events[C]//13th USENIX Symposium on Operating Systems Design and Implementation. 2018: 527-543.
[66] CUMMINS C, FISCHES Z V, BEN-NUN T, et al. Programl: Graph-based deep learning for program optimization and analysis[J]. arXiv preprint

arXiv:2003.10536, 2020.

[67] KALDOR J, MACE J, BEJDA M, et al. Canopy: An end-to-end performance tracing and analysis system[C]//Proceedings of the 26th Symposium on Operating Systems Principles. 2017: 34-50.

[68] FONSECA R, PORTER G, KATZ R H, et al. X-trace: A pervasive network tracing framework[C]//4th USENIX Symposium on Networked Systems Design & Implementation. 2007.

[69] BHATTACHARYYA A, HOEFLER T. Pemogen: Automatic adaptive performance modeling during program runtime[C]//Proceedings of the 23rd international conference on Parallel architectures and compilation. 2014: 393-404.

[70] BHATTACHARYYA A, KWASNIEWSKI G, HOEFLER T. Using compiler techniques to improve automatic performance modeling[C]//2015 International Conference on Parallel Architecture and Compilation. IEEE, 2015: 468-479.

[71] COARFA C, MELLOR-CRUMMEY J, FROYD N, et al. Scalability analysis of spmd codes using expectations[C]//Proceedings of the 21st annual international conference on Supercomputing. ACM, 2007: 13-22.

[72] SU P, JIAO S, CHABBI M, et al. Pinpointing performance inefficiencies via lightweight variance profiling[C]//Proceedings of the International Conference for High Performance Computing, Networking, Storage and Analysis. 2019: 1-19.

[73] 魏光, 钱德沛, 杨海龙, 等. 程序能耗测量分析工具 FPowerTool 及其能耗优化实践[J]. 计算机科学与探索, 2021: 1-15.

[74] KERBYSON D J, ALME H J, HOISIE A, et al. Predictive performance and scalability modeling of a large-scale application[C]//Proceedings of the 2001 ACM/IEEE conference on Supercomputing. 2001: 37.

[75] BARKER K J, PAKIN S, KERBYSON D J. A performance model of the krak hydrodynamics application[C]//Proceedings of the 2006 International Conference on Parallel Processing. 2006: 245-254.

[76] ELLER P R, HOEFLER T, GROPP W. Using performance models to understand scalable krylov solver performance at scale for structured grid problems[C]//Proceedings of the ACM International Conference on Supercomputing. 2019: 138-149.

[77] CALOTOIU A, HOEFLER T, POKE M, et al. Using automated performance modeling to find scalability bugs in complex codes[C]//Proceedings of the International Conference on High Performance Computing, Networking, Storage and Analysis. 2013: 1-12.

[78] 莫则尧. 实用的并行程序性能分析方法[J]. 数值计算与计算机应用, 2000, 21(4): 266-275.

[79] WU L, XU X, WEI Y, et al. A survey about quantitative measurement of performance variability in high performance computers[C]//International Workshop on Advanced Parallel Processing Technologies. Springer, 2017: 76-86.

[80] 武林平, 魏勇, 徐小文, 等. 系统噪音影响的量化分析[J]. 计算机研究与发展, 2015, 52(5): 1146.

[81] TAN G, SHUI C, WANG Y, et al. Optimizing the linpack algorithm for large-scale pcie-based cpu-gpu heterogeneous systems[J]. IEEE Transactions on Parallel and Distributed Systems, 2021, 32(9): 2367-2380.

[82] 水超洋, 于献智, 王银山, 等. 国产异构系统上 HPL 的优化与分析[J]. 软件学报, 2021, 32(8): 2319-2328.

[83] DING N, XUE W, SONG Z, et al. An automatic performance model-based scheduling tool for coupled climate system models[J]. Journal of Parallel and Distributed Computing, 2019, 132: 204-216.

[84] QI H, SPARKS E R, TALWALKAR A. Paleo: A performance model for deep neural networks[C]//5th International Conference on Learning Representations. 2017.

[85] BEN-NUN T, HOEFLER T. Demystifying parallel and distributed deep learning: An in-depth concurrency analysis[J]. ACM Computing Surveys, 2019, 52(4): 1-43.

[86] HOCKNEY R W. The communication challenge for mpp: Intel paragon and meiko cs-2[J]. Parallel computing, 1994, 20(3): 389-398.

[87] CULLER D, KARP R, PATTERSON D, et al. LogP: Towards a realistic model of parallel computation[C]//Proceedings of the fourth ACM SIGPLAN symposium on Principles and practice of parallel programming. 1993: 1-12.

[88] ALEXANDROV A, IONESCU M F, SCHAUSER K E, et al. LogGP: Incorporating long messages into the logp model—one step closer towards a realistic model for parallel computation[C]//Proceedings of the seventh annual ACM symposium on Parallel algorithms and architectures. 1995: 95-105.

[89] INO F, FUJIMOTO N, HAGIHARA K. LogGPS: a parallel computational model for synchronization analysis[C]//Proceedings of the eighth ACM SIGPLAN symposium on Principles and practices of parallel programming. 2001: 133-142.

[90] FRANK M I, AGARWAL A, VERNON M K. LoPC: modeling contention in parallel algorithms[J]. ACM SIGPLAN Notices, 1997, 32(7): 276-287.

[91] MORITZ C A, FRANK M I. LoGPC: Modeling network contention in message-passing programs[C]//Proceedings of the 1998 ACM SIGMETRICS joint international conference on Measurement and modeling of computer systems. 1998: 254-263.

[92] KIELMANN T, BAL H E, VERSTOEP K. Fast measurement of LogP parameters for message passing platforms[C]//International Parallel and Distributed Processing Symposium. Springer, 2000: 1176-1183.

[93] CHEN W, ZHAI J, ZHANG J, et al. LogGPO: An accurate communication model for performance prediction of mpi programs[J]. Science in China Series F: Information Sciences, 2009, 52(10): 1785-1791.

[94] CALOTOIU A, BECKINSALE D, EARL C W, et al. Fast multi-parameter performance modeling[C]//2016 IEEE International Conference on Cluster Computing. IEEE, 2016: 172-181.

[95] BARNES B J, ROUNTREE B, LOWENTHAL D K, et al. A regression-based approach to scalability prediction[C]//Proceedings of the 22nd annual international conference on Supercomputing. 2008: 368-377.

[96] SUN Q, LIU Y, YANG H, et al. csTuner: Scalable auto-tuning framework for complex stencil computation on gpus[C]//2021 IEEE International Conference on Cluster Computing. IEEE, 2021: 192-203.

[97] COPIK M, CALOTOIU A, GROSSER T, et al. Extracting clean performance models from tainted programs[C]//Proceedings of the 26th ACM SIGPLAN Symposium on Principles and Practice of Parallel Programming. 2021: 403-417.

[98] OGILVIE W F, PETOUMENOS P, WANG Z, et al. Minimizing the cost of iterative compilation with active learning[C]//2017 IEEE/ACM International Symposium on Code Generation and Optimization. IEEE, 2017: 245-256.

[99] THIAGARAJAN J J, JAIN N, ANIRUDH R, et al. Bootstrapping parameter space exploration for fast tuning[C]//Proceedings of the 2018 international conference on supercomputing. 2018: 385-395.

[100] LEE B C, BROOKS D M, DE SUPINSKI B R, et al. Methods of inference and learning for performance modeling of parallel applications[C]// Proceedings of the 12th ACM SIGPLAN symposium on Principles and practice of parallel programming. 2007: 249-258.

[101] SUN J, SUN G, ZHAN S, et al. Automated performance modeling of hpc applications using machine learning[J]. IEEE Transactions on Computers, 2020, 69(5): 749-763.

[102] ZHENG G, KAKULAPATI G, KALÉ L V. Bigsim: A parallel simulator for performance prediction of extremely large parallel machines[C]//Proceedings 18th International Parallel and Distributed Processing Symposium. IEEE, 2004: 78.

[103] BOHRER P, PETERSON J, ELNOZAHY M, et al. Mambo: a full system simulator for the powerpc architecture[J]. ACM SIGMETRICS performance evaluation review, 2004, 31(4): 8-12.

[104] BAGRODIA R, DEELJMAN E, DOCY S, et al. Performance prediction of large parallel applications using parallel simulations[C]//Proceedings of the seventh ACM SIGPLAN symposium on Principles and practice of parallel programming. 1999: 151-162.

[105] RODRIGUES A F, HEMMERT K S, BARRETT B W, et al. The structural simulation toolkit[J]. ACM SIGMETRICS Performance Evaluation Review, 2011, 38(4): 37-42.

[106] PRAKASH S, BAGRODIA R L. MPI-SIM: using parallel simulation to evaluate mpi programs[C]//Proceedings of the 30th conference on Winter simulation. 1998: 467-474.

[107] LABARTA J, GIRONA S, PILLET V, et al. DiP: A parallel program development environment[C]//European Conference on Parallel Processing. Springer, 1996: 665-674.

[108] GIRONA S, LABARTA J, BADIA R M. Validation of dimemas communication model for mpi collective operations[C]//European Parallel Virtual Machine/Message Passing Interface Users' Group Meeting. Springer, 2000: 39-46.

[109] BADIA R M, ESCALÉ F, GABRIEL E, et al. Performance prediction in a grid environment[C]//European Across Grids Conference. Springer, 2003: 257-264.

[110] ZHAI J, CHEN W, ZHENG W. Phantom: predicting performance of parallel applications on large-scale parallel machines using a single node[J]. ACM SIGPLAN Notices, 2010, 45(5): 305-314.

[111] XU J W, CHEN M Y, ZHENG G, et al. Simk: A large-scale parallel simulation engine[J]. Journal of computer science and technology, 2009, 24(6): 1048-1060.

[112] HUANG Y Q, LI H L, XIE X H, et al. Archsim: a system-level parallel simulation platform for the architecture design of high performance computer [J]. Journal of Computer Science and Technology, 2009, 24(5): 901-912.

[113] YOSHIKAWA K, TANAKA S, YOSHIDA N. A 400 trillion-grid vlasov

simulation on fugaku supercomputer: large-scale distribution of cosmic relic neutrinos in a six-dimensional phase space[C]//Proceedings of the International Conference for High Performance Computing, Networking, Storage and Analysis. 2021: 1-11.

[114] LIU W, VINTER B. An efficient gpu general sparse matrix-matrix multiplication for irregular data[C]//2014 IEEE 28th International Parallel and Distributed Processing Symposium. IEEE, 2014: 370-381.

[115] LIU W, VINTER B. Speculative segmented sum for sparse matrix-vector multiplication on heterogeneous processors[J]. Parallel Computing, 2015, 49: 179-193.

[116] LIU W, LI A, HOGG J, et al. A synchronization-free algorithm for parallel sparse triangular solves[C]//European Conference on Parallel Processing. Springer, 2016: 617-630.

[117] WANG X, LIU W, XUE W, et al. swsptrsv: a fast sparse triangular solve with sparse level tile layout on sunway architectures[C]//Proceedings of the 23rd ACM SIGPLAN Symposium on Principles and Practice of Parallel Programming. 2018: 338-353.

[118] WIENKE S, SPRINGER P, TERBOVEN C, et al. OpenACC—first experiences with real-world applications[C]//European Conference on Parallel Processing. Springer, 2012: 859-870.

[119] CUI H, XUE J, WANG L, et al. Extendable pattern-oriented optimization directives[J]. ACM Transactions on Architecture and Code Optimization (TACO), 2012, 9(3): 1-37.

[120] LIU Y, HUANG L, WU M, et al. Ppopencl: a performance-portable opencl compiler with host and kernel thread code fusion[C]//Proceedings of the 28th International Conference on Compiler Construction. 2019: 2-16.

[121] KJOLSTAD F, KAMIL S, CHOU S, et al. The tensor algebra compiler[J]. Proceedings of the ACM on Programming Languages, 2017, 1: 1-29.

[122] LATTNER C, AMINI M, BONDHUGULA U, et al. MLIR: Scaling compiler infrastructure for domain specific computation[C]//2021 IEEE/ACM International Symposium on Code Generation and Optimization. IEEE, 2021: 2-14.

[123] MINTCHEV S, GETOV V. PMPI: High-level message passing in fortran77 and c[C]//International Conference on High-Performance Computing and Networking. Springer, 1997: 601-614.

[124] GABRIEL E, FAGG G E, BOSILCA G, et al. Open MPI: Goals, concept, and design of a next generation mpi implementation[C]//European Parallel

Virtual Machine/Message Passing Interface Users' Group Meeting. Springer, 2004: 97-104.

[125] BAILEY D, HARRIS T, SAPHIR W, et al. The NAS parallel benchmarks 2.0[M]. Moffett Field, CA: NAS Systems Division, NASA Ames Research Center, 1995.

[126] HAYES J C, NORMAN M L, FIEDLER R A, et al. Simulating radiating and magnetized flows in multiple dimensions with ZEUS-MP[J]. The Astrophysical Journal Supplement Series, 2006, 165(1): 188.

[127] FISCHER P, HEISEY K. NEKBONE: Thermal hydraulics mini-application [J]. Nekbone Release, 2013, 2.

[128] BOHME D, WOLF F, DE SUPINSKI B R, et al. Scalable critical-path based performance analysis[C]//Proceedings of the 2012 IEEE 26th International Parallel and Distributed Processing Symposium. 2012: 1330-1340.

[129] SCHIEBER B, VISHKIN U. On finding lowest common ancestors: Simplification and parallelization[J]. SIAM Journal on Computing, 1988, 17(6): 1253-1262.

[130] SHI T, ZHAI M, XU Y, et al. Graphpi: high performance graph pattern matching through effective redundancy elimination[C]//Proceedings of the International Conference for High Performance Computing, Networking, Storage and Analysis. IEEE, 2020: 1-14.

[131] GAMBLIN T, DE SUPINSKI B, SCHULZ M, et al. Scalable load-balance measurement for SPMD codes[C]//Proceedings of the International Conference for High Performance Computing, Networking, Storage and Analysis. 2008: 1-12.

[132] CSARDI G, NEPUSZ T, et al. The igraph software package for complex network research[J]. InterJournal, complex systems, 2006, 1695(5): 1-9.

[133] PLIMPTON S. Fast parallel algorithms for short-range molecular dynamics [J]. Journal of computational physics, 1995, 117(1): 1-19.

[134] GHOSH S, HALAPPANAVAR M, TUMEO A, et al. Distributed louvain algorithm for graph community detection[C]//2018 IEEE International Parallel and Distributed Processing Symposium. IEEE, 2018: 885-895.

[135] GROPP W. MPICH2: A new start for mpi implementations[C]//European Parallel Virtual Machine/Message Passing Interface Users' Group Meeting. Springer, 2002: 7.

[136] DONGARRA J J, LUSZCZEK P, PETITET A. The LINPACK benchmark: past, present and future[J]. Concurrency and Computation: practice and experience, 2003, 15(9): 803-820.

[137] RAVISHANKAR M, HOLEWINSKI J, GROVER V. Forma: A dsl for image

processing applications to target gpus and multi-core cpus[C]//Proceedings of the 8th Workshop on General Purpose Processing using GPUs. 2015: 109-120.

[138] VERDOOLAEGE S. isl: An integer set library for the polyhedral model [C]//International Congress on Mathematical Software. Springer, 2010: 299-302.

[139] ZHAI J, CHEN W, ZHENG W, et al. Performance prediction for large-scale parallel applications using representative replay[J]. IEEE Transactions on Computers, 2015, 65(7): 2184-2198.

致　谢

衷心感谢导师翟季冬教授对本人的悉心教导，您做人做事做科研的态度将使我终身受益。感谢陈文光教授和薛巍副教授对我科研上的指导以及各方面的关照。

在我攻读博士学位期间，承蒙韩文弢老师、王豪杰老师、尹万旺老师、张春元老师、王睿伯老师和 Torsten Hoefler 等老师的关照和指导，万分感激。

感谢钟闰鑫、黄可钊、郑立言、俞博文、马子轩等实验室同学，以及罗锦郎、杨知水、张滔、周文涛、徐晓倩、王珏微等挚友，非常享受和你们共同奋斗的时光。

感谢于淼医生，您的高超医术让我重新站起来，回到实验室继续享受科研的乐趣。

最后，特别感谢我的父亲金洪震、母亲何振英、仲父金罗正、叔父金国正及爱人范诗雨，你们让我无论何时都充满力量，无所畏惧。